悦然食光
孩子爱吃的营养早餐

YUERAN SHIGUANG HAIZI AICHI DE YINGYANG ZAOCAN

主　编　张　晔　解放军 309 医院营养科前主任

副主编　史文丽　中国康复研究中心北京博爱医院临床营养科副主任营养师

沈婷婷　中国注册营养师

中国纺织出版社有限公司

图书在版编目（CIP）数据

悦然食光：孩子爱吃的营养早餐 / 张晔主编. --北京：中国纺织出版社有限公司，2020.9
ISBN 978-7-5180-7170-8

Ⅰ. ①悦… Ⅱ. ①张… Ⅲ. ①儿童—保健—食谱 Ⅳ. ①TS972.162

中国版本图书馆 CIP 数据核字（2020）第 031444 号

主　编　张　晔
副主编　史文丽　沈婷婷
编委会　张　晔　史文丽　沈婷婷　石艳芳　张　伟　石　沛
　　　　赵永利　王艳清　张　岩　马中月　乔会根　卜　雯

责任编辑：傅保娣　　责任校对：王蕙莹　　责任印制：王艳丽

中国纺织出版社有限公司出版发行
地址：北京市朝阳区百子湾东里 A407 号楼　邮政编码：100124
销售电话：010-67004422　传真：010-87155801
http://www.c-textilep.com
中国纺织出版社天猫旗舰店
官方微博 http://weibo.com/2119887771
天津千鹤文化传播有限公司印刷　各地新华书店经销
2020 年 9 月第 1 版第 1 次印刷
开本：710×1000　1/16　印张：12
字数：142 千字　定价：49.80 元

前言

孩子面临生长发育和课业压力，因此需要良好的体力、充沛的精力及聪明的头脑。上午是孩子一天中学习最繁重，精力、体力、脑力消耗最大的时段，一方面学习紧张，另一方面需要参加适当的体育活动，于是，孩子早餐吃什么、吃多少、是否爱吃就至关重要了。

亲爱的家长们，现在请回忆一下，今天早晨，您给孩子准备的早餐是什么？营养均衡吗？孩子喜欢吗？或者，昨天晚上剩下什么第二天早上就吃什么？再或者，让孩子在上学的路上随便买点吃的。

不得不强调的是，油条、煎饼等碳水化合物所占比重过大或是油腻的早餐，消化时间长，使血液过久地积于腹部，造成脑部血流量减少，势必会影响氧的传输，于是孩子可能整个上午头脑昏沉、思维迟钝。有研究显示，早餐进食能量充足、配比均衡的学生，在创造力、想象力、逻辑思维能力及身体素质等方面，要优于早餐质量差的学生。

因此，父母应高度重视早餐在孩子成长中的重要作用，每天为孩子准备营养均衡的早餐，以利于孩子在身体、心理、智力等方面均衡发展。

给孩子制作早餐本着营养丰富、喜欢爱吃、顶饿管饱、易咀嚼下咽、好消化的原则。如何能做到种类丰富、颜色多样，型好味香，咸多甜少，汤中有肉，温而不烫？本书从营养搭配入手，为家长们推荐了适合孩子的各类早餐，有营养提示，也有功能菜谱。简单、放心、营养全面、一目了然！让家长们再也不用为孩子的早餐问题发愁！

早餐吃好了，不仅可以让孩子精力充沛，还能促进其身体的健康发育。孩子身体健康了，才能为心理健康提供物质保证。孩子的身心都健康了，学习自然更加努力，更有精力参加各种各样有益的活动，这样的孩子，也才有更多的机会赢得美好的未来。

2019 年冬

目录

给孩子暖暖的爱 从早餐开始

经典早餐 永远吃不腻

新式早餐 向幸福告白

32套特效功能早餐 开启元气满满的一天

第1章

给孩子暖暖的爱 从早餐开始

早餐，孩子的活力之源

营养学家认为，早餐是非常重要的一餐，只有通过早餐摄取足够能量，身体才能在一整天里都保持较好的状态。特别是孩子的早餐，要满足生长发育和学习需要，更能对成年后的一些疾病起到一定的预防作用。

早餐对孩子非常重要

从入睡到起床，是孩子一天中禁食最长的一段时间，如无早餐供给热量，孩子就容易感到疲劳，反应迟钝，注意力不集中，精神萎靡，从而导致学习质量差。

营养学家研究发现，不吃早餐导致的能量和营养素摄入不足，很难从午餐和晚餐中得到充分补充。所以，每天都应给孩子吃早餐，并且要吃好早餐，以保证摄入充足的能量和营养素。

扫一扫，看视频

孩子不吃早餐危害大

影响上午的学习

尤其是小学生还处于长身体的阶段，不吃早餐会对其体格发育有影响，上课会出现精神不集中、疲劳的现象，学习效率明显下降，情绪低落，甚至诱发低血糖，出现头晕、脚软等症状。

易导致皮肤变差、贫血等营养缺乏症

不吃早餐，会导致孩子皮肤干燥、起皱和贫血等，严重时还会造成营养缺乏症，如锌缺乏症、夜盲症、缺铁性贫血等。

容易引起便秘

不吃早餐将会使孩子对食物的摄取量下降，导致通便所必需的膳食纤维摄取量不足，从而引起便秘。

容易引起胆囊炎和胆结石

孩子在空腹时体内胆汁中胆固醇的浓度特别高，在正常吃早餐的情况下，胆囊收缩，胆固醇随着胆汁排出；如果不吃早餐，胆汁会长时间停留在胆囊内，过分浓缩后容易析出结晶，时间久了就容易产生胆结石。

降低免疫力

孩子长期不吃早餐会引起代谢紊乱。为获得能量，孩子的身体就会动用甲状腺、脑垂体等腺体分泌激素，促进组织功能代谢，造成甲状腺功能亢进，使机体处于负平衡状态，孩子的体质也会随之下降，免疫力降低。

容易发胖

孩子不吃早餐，午餐自然就会吃得多，身体消化吸收不好，最容易形成皮下脂肪，进而发胖。

早餐主打营养：
碳水化合物、蛋白质、维生素、矿物质

早餐为一天的活力注入第一股力量，碳水化合物、蛋白质、维生素和矿物质是这股力量的主力军。

扫一扫，看视频

碳水化合物

碳水化合物在体内能很快被分解成葡萄糖，防止一夜消耗后可能出现的低血糖，并可提高大脑的活力及孩子对早餐中营养素的利用率。

碳水化合物丰富的早餐：

米饭、馒头（小麦面、荞麦面等谷类）等。

蛋白质

蛋白质是生命载体，孩子每天都需要补充足够的蛋白质，以满足身体的正常需要。而且蛋白质类食物可以在胃里停留较长时间，使孩子整个上午都精力充沛。

蛋白质丰富的早餐：

豆浆、牛奶、鸡蛋、豆腐脑等。

维生素

维生素在孩子身体生长、代谢、发育过程中发挥着重要作用，是一种孩子体内不能合成或合成很少的营养素，且不能大量储存于组织中，所以必须及时摄入相关食物。此外，当蛋白质、脂肪、碳水化合物等的代谢量增加时，维生素的需求量就会相应增大。所以，早餐一定不能缺少维生素，否则会影响蛋白质等代谢过程。

维生素丰富的早餐：

水果、蔬菜、动物肝脏等。

矿物质

矿物质是除了氮、氢、氧、碳之外，约占人体重量4%的多种不同的无机物，且各种矿物质必须保持平衡才能维持正常的生理功能。现在，精加工食品使食物中的营养物质大量流失，导致矿物质缺乏。此外，矿物质在体内的最终代谢产物常呈碱性，可以中和肉类、蛋类、谷类等食物在体内氧化后生成的酸根，达到酸碱平衡。

矿物质丰富的早餐：

蔬菜、水果、谷物和豆类食品。

利用好厨房小神器，让早餐做得更轻松

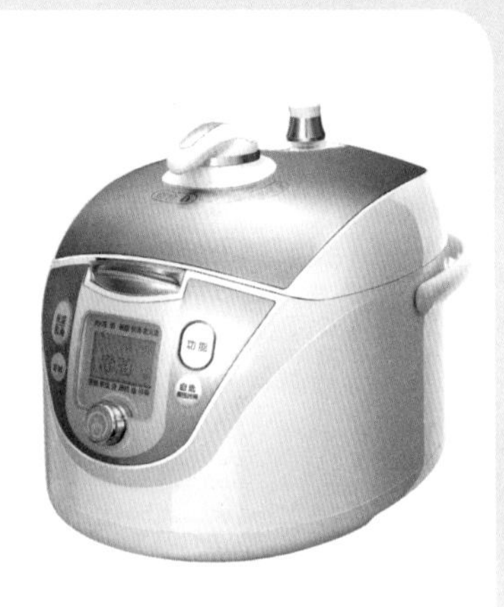

电压力锅

电压力锅具有预约定时功能，可以让早上喝粥变得很简单。晚上把材料放在锅里，预约好时间，起床就可以喝到热气腾腾的粥了。有预约定时功能的电饭煲也有同样的效用。

另外，电压力锅还可以煲汤，蒸煮一些大菜，如无水蘑菇红烧肉、水煮鱼、番茄牛腩、小鸡炖蘑菇等。

料理机

料理机可以用来打豆浆、铰肉馅、榨汁、刨冰等。

豆浆机

全自动豆浆机只需 20 分钟就可以煮出一壶热乎乎的豆浆，有的豆浆机还可以一机多用，做出绿豆汁、玉米浆、浓汤等。

空气炸锅

空气炸锅可以消除家人喜欢吃油炸食品又担心不健康的顾虑。采用无油炸的做法，却具有油炸的口感。

电饼铛

电饼铛可以烙饼、摊鸡蛋，快速便捷。

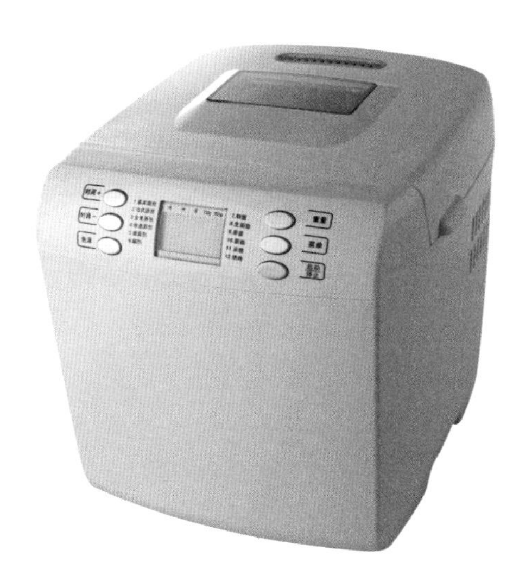

面包机

只需放好配料，面包机便可以自动和面、发酵、烘烤成各种面包。面包机不但能制作面包，还能制作蛋糕、米糕、年糕、馅料、酸奶、奶酪、米酒等。

打蛋器

用打蛋器打鸡蛋或搅拌其他液体，省时又省力。

滤油网

用这个小工具可以更方便地撇去浮沫。

微波炉

微波炉可以进行加热、烘烤，如热牛奶、烤鸡翅等。

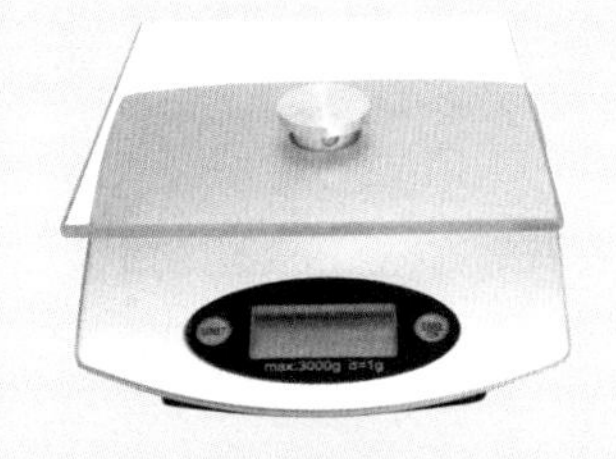

电子秤

电子秤可以精确称量所需材料的量。不同电子秤有不同的精确度，有精确到1克的，还有精确到0.1克的，后者更适合用来称量小分量的材料。

量匙

一套量匙有5个小匙，由小到大分别为：1/4茶匙（1.25毫升）、1/2茶匙（2.5毫升）、1茶匙（5毫升）、1/2汤匙（7.5毫升）、1汤匙（15毫升）。称量时以平匙为准，量取后将上表面刮平。

做出孩子喜爱的食物形状

扫一扫，看视频

切块

先将食材切成长条状，再切成块。

切丁

依据大小，可分为大丁、小丁。大丁是将粗条横切而成，小丁是将细条加工而成。

切扇形

先将食材切半，再以45°角切入，用力不可过猛，以免将尾部切断。

切薄片

将食材抓牢，直刀下切，即可切成薄片。

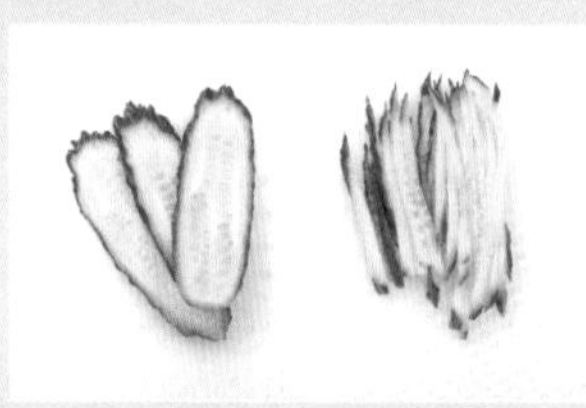

切丝

切成薄片的食材，可叠起数片，再切成细丝状。

刨长片

用削皮刀直接削成长条状。

刨丝

借助刨丝器刨出漂亮的丝状，非常适合不会刀法的厨房新手妈妈。

圆球形

先将食材去皮，再用挖球器用力向下挖，挖出球形。

切菱形

先切成长条片状，再以直刀斜切45°角，切出漂亮菱形。

磨泥

先将食材去皮，再用磨泥器磨成泥状。

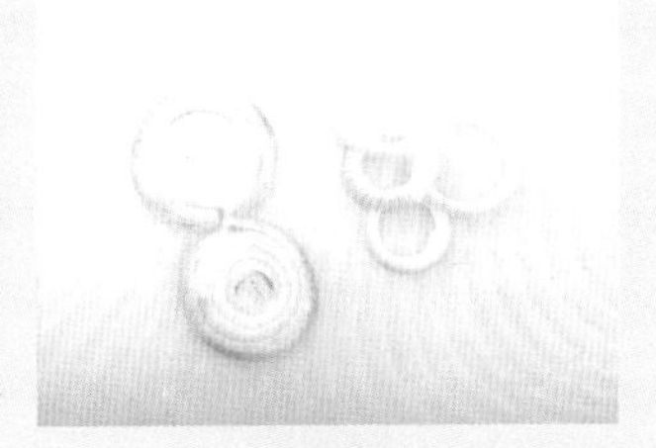

洋葱圈

因为洋葱分层的特殊结构，可以切片后再分成一圈一圈的洋葱圈。

挖空

在食材头部的 1/3 或 1/4 处切下，再将其内挖空。这种方法大多用来盛放料理。

叶菜类的切法

叶菜类大概可以分成 2 种切法：一种是直接切成薄片，再将叶片分离即成粗丝；另一种是切成块状，分离叶片后即成方片。

长条卷片

先将食材去除头尾并切段，再由食材外围切入，边削边滚动食材，削完即成长条卷片。

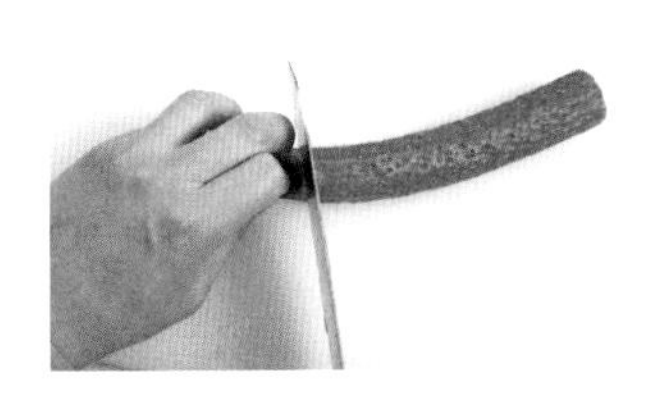

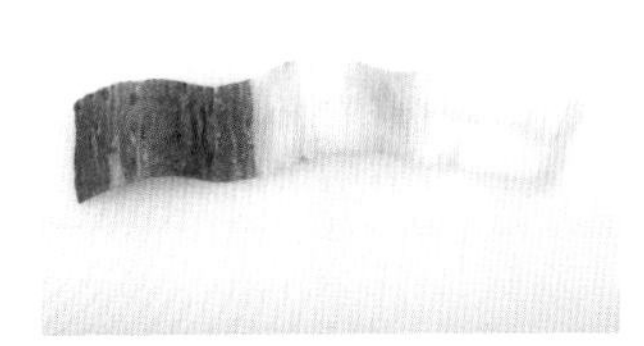

花形切片

先将食材削除外皮，在边缘切出缺口，抓牢食材切成厚薄均匀的薄皮，切完即成花形切片。

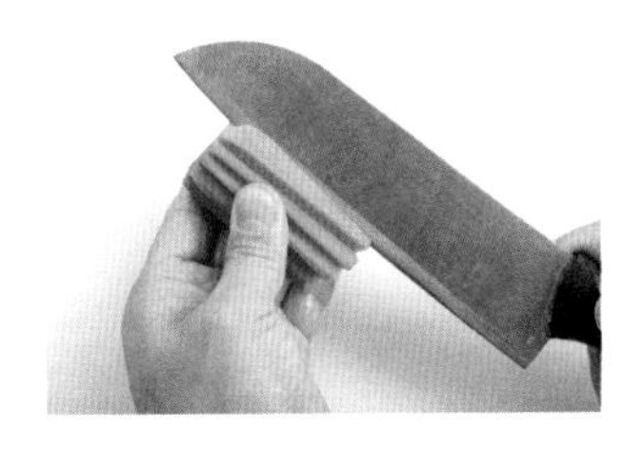

掌握窍门，快速搞定早餐

准备工作有诀窍

想要快速做出丰盛的早餐，相当一部分诀窍蕴含在准备工作里，准备工作做得充分，就能大大节省烹调时间，能够按照以下的方式做好准备工作，用30分钟做出丰盛的早餐，就是“小菜一碟”！

扫一扫，看视频

蔬菜提前清洗干净，一定要沥干水分，不然容易变质，另外洗净后不要切，烹调时现切比较好，不然会损失大量的营养。

猪肉、鸡肉、牛肉、海鲜等食品，可以提前清洗干净，切好或腌渍好，然后放入冰箱冷藏，能节省不少烹调时间。但要注意，这些肉类食物放入冰箱前最好罩上保鲜膜，以免混入冰箱中其他食材的味道，使其鲜味降低。

周六、周日休息的时候，可以把适宜提前烹调的食物在头天烹调好，不但能充分节省早餐时的烹调时间，而且能吃到比平日里的早餐更为丰盛的食物。比如明天的早餐要做炒肉的菜，白天就可以把肉腌好炒出来，一次多做点，味道重一点，第二天早上加入蔬菜等食材一炒就可以了！连盐都不用再放。另外，如蓑衣黄瓜等需加调料腌渍入味才好吃的菜，可提前做好在冰箱里存放。

大葱、姜、蒜等也可以提前洗干净，放入冰箱。存放时也要沥干水分，并且先不要切，不然会使其特有的香味降低。

干木耳、干银耳等需要泡发的食材，提前用清水浸泡，不但可以节省烹调时间，而且可以泡发得比较充分。但夏季浸泡时最好放入冰箱冷藏，以免滋生细菌而变质。

头一天要对第二天早餐所需要的食材心中有数，比如第二天要做咖喱炒饭，如果家里没有咖喱粉，就要记得提前购买！

快速烹饪小技巧

做好充分的准备，再掌握一些烹饪小技巧，做菜的速度就可以更快一些。

有些食材，如肉、菠菜等，在下锅之前可以先放入沸水中焯烫一下，时间约半分钟即可，这样不但可以使食物易熟，还可以去掉肉类的血腥味或蔬菜中的草酸等。

菠菜中含有的草酸会影响钙的吸收，食用前先用沸水焯烫一下可去除大部分草酸

合理安排烹饪顺序

首先是烹饪工具的使用顺序。如需要焯水的食材既有蔬菜又有肉类，那么就先焯蔬菜，后焯肉类；切菜时也是一样的顺序，先蔬菜再肉类，若反过来，则需要洗案板。

其次是做菜的顺序。如先将需要炖煮的菜准备好，上锅煮炖，然后再准备需要炒的菜，而在煮炖的同时，可以将炒菜做好。不必完成一个再去做另一个。

孩子爱吃的创意早餐

谁动了我的玉米饼

工具
碗，量杯，擀面杖，平底锅，铲子，煮锅，案板，小刀，安全剪刀。

玉米饼营养丰富，吃起来脆脆的、甜甜的，再蘸上酸甜的番茄酱更美味。如果在玉米饼上放两只贪吃的“小老鼠”，孩子会觉得非常有趣，能增加食欲

玉米饼

材料

玉米面 100 克，面粉 50 克，植物油 5 毫升。

做法

1 将玉米面用开水烫一下去生味，再加入面粉混合，加入适量清水，和成面团，静置 10 分钟。
2 将醒好的面团揪成小剂子， 然后擀成巴掌大小的薄圆饼。
3 在平底锅里放少量油，用小火将面饼两面烙熟即可。

小老鼠

材料

鸡蛋 2 个，水萝卜片 4 片，海苔 1 片。

做法

1 先将鸡蛋表面用水洗净，冷水下锅，待水沸腾后再煮 3 分钟关火，闷 5 分钟。将鸡蛋浸置在冷水中约 3 分钟，便于剥下鸡蛋壳。
2 用小刀将剥好的鸡蛋对半切开备用。
3 将水萝卜切成小片，在鸡蛋 1/3 处切两刀，将水萝卜片插入小刀孔，用来装饰小老鼠的耳朵。
4 用海苔片剪出小圆形作为眼睛和嘴巴，剪成长条作为胡须和尾巴。

海绵宝宝

材料

吐司面包 20 克，海苔 2 克，黄瓜 30 克，芝士片 30 克，胡萝卜 8 克，火腿肠片 10 克。

做法

1 吐司面包摆在盘内。
2 芝士片贴出两个圆形做眼睛；火腿肠片做腮红；切下胡萝卜头做鼻子。
3 海苔剪细条做成眼睫毛、嘴巴、腰带。
4 盒装牛奶吸管刻黄瓜皮做眼仁儿；芝士片切两个小三角做衣领；胡萝卜切片做领带。
5 用模具在火腿肠片上刻几只小鱼作装饰，用黄瓜片摆出小树即可。

第2章

经典早餐
永远吃不腻

猪肉大葱包

材料

面粉、五花肉馅各 500 克，葱末 50 克，酵母粉 8 克。

调料

盐 6 克，白糖 10 克，香油 3 毫升，胡椒粉、生姜末 3 克，花椒水 20 毫升，酱油、料酒各 15 毫升。

做法

1 酵母粉用少许温水化开，倒入面粉中拌匀，和面团，醒发 2 小时。
2 肉馅中加入所有调料拌匀。
3 将揉匀的面团搓成长条，分割成小剂子，按扁，擀成中间厚、边缘薄的皮儿。
4 皮儿中放馅，拿褶，收口成金鱼嘴状，加枸杞子点缀。
5 包子生坯放入铺有湿布的蒸屉上，提前烧开锅，放入蒸屉，大火烧开后转小火再蒸 12 分钟，关火取出即可。

小笼包

材料

面粉 500 克，猪肉 500 克，鲜酵母 1 块，鸡蛋 1 个。

调料

植物油、葱末、姜末、酱油、白糖、盐、料酒、高汤各适量。

做法

1 面粉中加酵母、清水，和成软硬适度的面团，放置发酵 2 小时。

2 猪肉洗净，剁馅，加入鸡蛋，搅拌，再加入盐、白糖、料酒、酱油、植物油、葱末、姜末，拌匀。

3 高汤分次加入馅中，边加边搅拌，高汤与肉馅的比例为 1 ：1。把搅拌好的肉馅放到冰箱中冷藏 30 分钟，让汤汁适当凝固。

4 面团下小剂子，擀成圆形面皮，包馅捏制成形，大火蒸熟即可。

灌汤包

材料

发酵面团 700 克，面粉 120 克，猪肉馅 320 克，猪皮 1000 克，碱水 200 毫升。

调料

葱花、姜末各 20 克，盐 5 克，料酒、酱油各 5 毫升，香油 2 毫升。

做法

1 面粉加碱水和匀，与发酵面团揉在一起。

2 猪皮洗净，切碎，加水煮软成胶状，加葱花、姜末、盐制成皮冻；猪肉馅剁细成蓉，放入盆中，加酱油、香油拌匀。

3 猪肉蓉中加少许水搅打，调入料酒，与切碎皮冻拌和成馅。

4 揉好的面团搓条，下剂子，擀成圆形片；圆形片中包入馅料制成包子生坯。

5 将包子生坯放入蒸笼中，蒸 15 分钟，关火，3 分钟后下屉即可。

刀切馒头

材料

面粉500克，水250毫升，酵母粉6克。

做法

1 酵母粉温水化开，分次加入面粉中，搅匀，醒发。
2 用力揉搓面团至无气泡，面团搓成长条，切成均匀的剂子。
3 馒头生坯放入铺有湿屉布的蒸屉上，每个生坯间隔一指远，醒发15~20分钟。
4 烧开锅后，放蒸屉，加盖，大火烧开，转小火蒸15分钟，关火后快速取出即可。

小贴士

葱油不需要抹太多，揉面的时间一定要充分

葱香花卷

材料

面粉 300 克，酵母 4 克，大葱 30 克。

调料

盐 3 克，植物油适量。

做法

1 热锅下油，放入葱段，炸至变黄，沥油。

2 酵母用温水溶开，加入面粉中，和成面团，醒发。

3 面团揉匀，擀薄片；刷葱油，撒盐，抹匀；薄片卷成长条，切段；两个一组摞起来；捏住两端向相反方向拧一圈，捏合。

4 生坯上笼，静置 10 分钟醒发；开锅上笼，大火烧开后再小火蒸 14 分钟，关火。

春饼

材料

面粉300克，熟鸡胸肉50克，绿豆芽200克，胡萝卜50克，扇贝肉60克，韭菜150克。

调料

盐3克，白糖5克，酱油、料酒各5毫升，植物油、葱花、姜片、蒜片各适量。

做法

1 面粉、盐放盆中拌匀，加水搅拌，揉成面团，醒10分钟。
2 面团搓长条，分成小剂子，搓圆按扁，盖湿布醒5分钟。
3 取2个剂子，每个剂子单面抹油，撒干面粉，叠放，盖湿布醒5分钟后擀薄。
4 饼坯放入平底锅用小火烙至两面微黄。
5 熟鸡胸肉切丝；胡萝卜洗净，切丝；扇贝肉洗净，切丁；韭菜洗净，切段；绿豆芽择洗干净。
6 热锅下油，葱花、姜片、蒜片爆香，放入熟鸡胸肉丝、胡萝卜丝、料酒翻炒1分钟，放绿豆芽、韭菜、扇贝丁、盐、白糖、酱油，快速翻炒至韭菜变色，调匀制成馅料。
7 春饼卷起馅料即可。

肉夹馍

材料

面粉500克，五花肉300克，尖椒50克。

调料

泡打粉、酵母粉各5克，香菜、香葱各20克，酱汤（八角、葱段、老抽、肉蔻、小茴香、姜片、香叶、白糖、盐、花椒各适量加水煮开即可）适量。

做法

1 五花肉焯水，熟后捞出放入酱汤中腌30分钟，捞出备用；尖椒、香葱、香菜洗净后切碎备用。
2 面粉加泡打粉、酵母粉、水搅匀，醒30分钟，和成发面团，制成剂子，烙成饼，从中间切一刀片开。
3 将五花肉切碎和尖椒、香葱、香菜拌在一起，夹入烙好的饼内即可。

小贴士

传统油条含有明矾，明矾中含有铝，会影响孩子智力，配方中用无铝泡打粉取代了明矾

油条

材料

中筋面粉 500 克，鸡蛋 1 个，色拉油 40 毫升。

调料

小苏打 2 克，无铝泡打粉 6 克，盐 13 克，植物油适量。

做法

1 所有材料加上小苏打、泡打粉、盐混合均匀，加上适量水，揉成面团。

2 面团放案板上来回按压折叠 3 次后包上保鲜膜，放模具里入冰箱冷藏 12 小时。

3 取出冷藏面团，用手整理成 1 厘米厚的片，再分割成 2 条长片。

4 用刀将面片分割成 2 厘米左右宽度的条，每 2 条一组，用筷子在中间压一下，稍微抻长。

5 锅里放油，油温升至 160℃左右下锅炸，并不断用筷子翻动，至金黄色时捞起控油。

卤肉饭

材料

五花肉 200 克，大米 250 克，鸡蛋 1 个。

调料

白糖 20 克，老抽 10 毫升，葱花、八角、桂皮、香叶各 5 克，盐 2 克，香菜叶适量。

做法

1 大米淘净，蒸熟备用；鸡蛋煮熟去皮。
2 锅中加水、盐、桂皮、香叶、八角、白糖、老抽调成酱汤。
3 五花肉切成 2 厘米见方的块，焯水，放入酱汤内卤熟，再放入去皮鸡蛋一起卤，大约 30 分钟。
4 把蒸好的米饭放在碗里，放入卤肉块，再放一切为二的卤蛋，浇卤肉汁，放香菜叶、葱花即可。

鸡肉虾仁馄饨

材料

馄饨皮 250 克，鸡胸肉 150 克，虾仁丁、肥膘丁各 50 克。

调料

香菜末、榨菜末各 10 克，葱末、姜末、白糖各 10 克，花椒水 20 毫升，盐 5 克，生抽 10 毫升，胡椒粉、鸡汤、香油各适量。

做法

1 鸡胸肉洗净，剁泥后加虾仁丁、肥膘丁、花椒水、白糖、盐，顺搅成糊，加葱末、姜末、生抽、香油调匀，制成馅料。
2 取馄饨皮，包入馅料。
3 锅中加清水烧开，下入馄饨煮熟。
4 锅中加鸡汤烧开，加胡椒粉、香菜末、榨菜末、盐、香油调味。
5 馄饨捞入碗中，浇上鸡汤即可。

小贴士

馄饨馅料中加点肥膘丁会增加香味

担担面

材料

鲜切面条 100 克，猪肉馅 50 克，芽菜粒 10 克，油酥花生仁 10 克，油酥黄豆 10 克。

调料

酱油 8 克，红油 5 克，料酒 4 毫升，葱花、甜面酱、芝麻酱各 4 克，盐 2 克，醋 3 毫升，白糖 3 克，鲜汤、花椒粉各少许。

做法

1. 锅内倒油烧热，放入猪肉馅炒散。
2. 锅中加甜面酱、盐、酱油、料酒炒干水分，炒香制成面臊。
3. 在大碗里加入酱油、红油、芽菜粒、葱花、醋、白糖、芝麻酱、油酥花生仁、油酥黄豆、花椒粉，再舀入少许鲜汤拌匀。
4. 面条下入开水中煮熟；捞出，沥干水分，放大碗中；将调好的鲜汤倒入面条中，面臊舀在面上即可。

豆腐脑

材料

干黄豆 40 克，清水 400 毫升，胡萝卜 50 克，水发木耳 20 克，内脂 2 克。

调料

葱花、盐各 3 克，酱油、水淀粉各 5 克，植物油适量。

做法

1 干豆泡 10 小时以上。
2 泡好的豆子放在磨豆器里，加清水磨出豆浆；胡萝卜洗净，去皮，切丝；水发木耳切丝。
3 豆浆倒在铺有纱布的滤网上，过滤。
4 内脂用少许凉开水稀释。
5 豆浆煮开后 2 分钟关火，使豆浆温度降到 80~90℃，倒入内脂水，并用勺不断从上到下翻匀。
6 盖上盖子，静置 15 分钟后凝固即成豆腐脑。
7 锅置火上，倒油烧热，炒香葱花，放入胡萝卜丝、木耳丝翻炒均匀，淋入酱油和清水烧沸，加盐调味，用水淀粉勾芡，做成卤，浇在豆腐脑上即可。

绿豆汁

扫一扫，看视频

材料

绿豆 100 克，白糖 8 克，水适量。

做法

1 将绿豆洗净，用清水泡 3 个小时。

2 将泡好的绿豆倒入锅中用大火煮开，之后用中火煮至绿豆开花。

3 将煮好的绿豆放入豆浆机中，加水打成汁，最后加白糖拌匀即可。

素炒米粉

材料

米粉300克，胡萝卜、圆白菜各50克。

调料

盐2克，植物油、蚝油、生抽各适量，葱花5克。

做法

1 米粉用清水泡软；胡萝卜洗净，去皮，切丝；圆白菜洗净，切丝。

2 锅内倒油烧热，爆香葱花，放入圆白菜丝煸炒几下，再放入胡萝卜丝翻炒均匀，加入米粉、盐、蚝油、生抽翻炒至米粉熟即可。

热干面

材料

碱水面条 500 克，酱萝卜干 20 克，叉烧肉片 30 克。

调料

芝麻酱 10 克，盐 6 克，葱花 5 克，醋 5 毫升，香油 2 克，植物油适量。

做法

1 芝麻酱加香油调匀成酱汁。
2 碱水面条放入沸水锅中煮至八成熟，捞出，沥干水分，放案板上，晾干面条。
3 在面条中倒少许植物油，拌匀，抖散；将晾凉的面条用开水烫热，盛入碗中。
4 放上酱萝卜干、叉烧肉片、酱汁、盐、醋拌匀，撒上葱花即可。

皮蛋瘦肉粥

材料

大米150克，皮蛋1个，里脊肉50克。

调料

葱花、姜丝、盐、胡椒粉各3克。

做法

1 大米淘洗干净；皮蛋去壳，切丁；里脊肉放入沸水锅中焯烫，洗净，切丁。
2 大米放入锅中，加适量清水，大火烧开后，转小火熬煮成稀粥。
3 往锅中放皮蛋丁、里脊肉丁煮至黏稠。
4 加葱花、姜丝、盐、胡椒粉煮至入味即可。

桂花栗子粥

材料

栗子 50 克，糯米 75 克，糖桂花 5 克。

做法

1 栗子去壳，洗净，取出栗子肉，切丁；糯米洗净，浸泡 4 小时。
2 锅内加适量清水烧沸，放入糯米，用大火煮沸，转小火熬煮 30 分钟，加栗子肉丁，煮至粥熟，撒糖桂花。

如果孩子不喜欢太过黏稠的口感，可以加适量大米

奶香麦片粥

材料

牛奶1袋（约250毫升），燕麦片50克。

调料

白糖10克。

做法

1 燕麦片放清水中浸泡30分钟。

2 锅置火上，放入适量清水大火烧开，加燕麦片煮熟，关火，再加入牛奶拌匀，最后调入白糖拌匀即可。

佛手包

材料

面粉 50 克，豆沙馅 30 克，酵母粉 3 克。

做法

1 将面粉、酵母粉和适量水充分混合，揉成面团，分成若干剂子，按扁，擀成面皮。

2 将豆沙馅分别包入面皮中，用刮板刀尖刮成佛手形生坯，醒发 10 分钟。

3 将醒好的生坯上笼，大火蒸熟， 即成佛手包。

扫一扫，看视频

第3章

新式早餐
向幸福告白

扫一扫，看视频

小贴士

奶酪的量控制着整个汉堡湿润的口感，奶酪片至少要和肉饼一样大，这样肉饼才不会太干。汉堡面包煎好以后放上切好的奶酪片，放入微波炉里加热一下，使奶酪变软即可

牛肉汉堡

材料

奶酪片（芝士）20 克，生菜叶、番茄片、牛肉各 100 克，酸黄瓜片 60 克，汉堡面包 1 个。

调料

白葡萄酒、黄油各 10 克，汉堡酱 20 克，盐、胡椒粉各适量。

做法

1. 牛肉剁碎，加盐、胡椒粉、白葡萄酒一起拌匀，腌 30 分钟，做成饼煎熟备用。
2. 把汉堡面包从中间一切为二，刀口面抹上黄油，煎至上色备用。
3. 奶酪片、生菜叶、番茄片、酸黄瓜片、煎好的牛肉饼有层次地放在汉堡面包中间，把汉堡酱淋在中间的菜上即可。

水果披萨

材料

高筋面粉 200 克，香蕉、猕猴桃、草莓各 150 克。

调料

黄油、番茄酱各 5 克，盐、酵母各 2 克，芝士丝 80 克。

做法

1 面粉倒入盛器中，加盐、黄油（留少许备用），淋入酵母水，和成面团，醒发。

2 香蕉、猕猴桃去皮切块；草莓洗净切块。

3 面团擀薄，铺在涂有黄油的烤盘中，扎孔，再醒发 10~20 分钟，抹番茄酱，撒上 2/3 芝士丝，放香蕉、猕猴桃和草莓。

4 烤箱预热至 200℃，将烤盘放入中层，上下火烤 15 分钟，取出后撒上剩下的芝士丝，凉至温热即可。

小贴士

披萨的面皮擀得薄一些，口感较酥脆；厚一些，面皮较有嚼头

总汇三明治

材料

面包3片，鸡胸肉80克，生菜叶15克，鸡蛋1个，番茄50克。

调料

胡椒粉、盐、蛋黄酱、橄榄油各适量。

做法

1 鸡胸肉洗净，扎孔，用盐、胡椒粉腌制10分钟；生菜洗净，撕片；番茄洗净，切片。

2 热锅下油，鸡胸肉煎熟盛出，再煎鸡蛋。

3 取一片面包，一面抹蛋黄酱后放煎蛋，盖上另一片面包，放生菜、番茄、鸡胸肉，再盖上一片面包，牙签固定两端，切成两个三角形即可。

木糖醇全麦吐司

材料

高筋面粉 190 克，全麦面粉 130 克，鸡蛋 1 个，牛奶 100 毫升。

调料

干酵母 5 克，木糖醇 30 克，盐 2 克，黄油 30 克。

做法

1 汤锅置火上，放入 90 毫升水和 20 克高筋面粉小火搅拌成 65℃的面糊，制成汤种。
2 鸡蛋提前从冰箱取出，恢复至室温；黄油提前从冰箱中拿出放软，切碎；干酵母倒入小碗中，淋入适量 40℃左右的牛奶搅拌至溶解。
3 全麦面粉、木糖醇、盐、汤种和剩下的高筋面粉倒入面包机中，再磕入鸡蛋，淋入酵母水和剩下的牛奶，选择“自动和面”，面团光滑后，加入黄油，再次选择“自动和面”，至面和好，然后选择“面团发酵”程序，发酵面团。
4 醒发好的面团取出，按扁排气后等分成 2 份，揉圆，静置松弛 15 分钟，逐一擀成厚面片，再卷成卷，制成吐司生坯。
5 将生坯放入面包机中，选择“粗粮面包”程序，待面包做好取出即可。

米饭鸡蛋饼

材料

鸡蛋 3 个，大米 250 克。

调料

白糖 15 克，植物油少许。

做法

1 鸡蛋磕入碗中，加入白糖搅拌均匀；大米淘洗干净，放入电饭煲中，做成米饭，然后盛出晾凉。

2 将凉米饭放到鸡蛋中，搅拌，直至米粒颗颗分明。

3 锅置火上，倒入少许植物油，然后倒入一部分搅拌好的米饭，铺在锅底。

4 慢慢将底部煎熟后，晃动锅具，使饼在移动中受热，然后翻面，将另一面煎熟，盛出。

5 剩下的米饭，分次依照做法 4 煎熟即可（可用西蓝花、胡萝卜花装饰）。

馒头芝士火腿

材料

馒头1个，西蓝花、洋葱、红甜椒各15克，火腿20克。

调料

原味奶酪（芝士）30克，番茄酱15克。

做法

1 西蓝花掰小朵，洗净，用水略焯，捞出沥干水分；洋葱、红椒分别洗净，洋葱切条，红椒切圈；火腿切薄片。

2 馒头切片，将番茄酱抹在馒头片上，涂抹均匀后，将西蓝花和洋葱放在馒头片上，再淋上一层番茄酱，然后将红椒、火腿片放在上面；最后将奶酪放在火腿和红椒的表面上。

3 放入微波炉中，用烘烤挡烘烤5分钟即可。

小贴士

烘烤的时间不宜过长，否则馒头及蔬菜中的水分容易流失，影响口感

馒头芝士肉片

材料

馒头1个，西蓝花、洋葱、红椒各15克，鸡胸肉20克。

调料

原味芝士30克，番茄酱15克。

做法

1 西蓝花掰小朵，洗净，略焯，沥水；洋葱、红椒洗净，洋葱切条，红椒切圈；鸡胸肉切薄片。

2 馒头切片，抹番茄酱，放西蓝花和洋葱；再淋上一层番茄酱，再将红椒、鸡胸肉片放在上面；最后将芝士放在鸡胸肉和红椒的表面上。

3 放入微波炉中，用烘烤挡烘烤5分钟即可。

奶香焗饭

材料

米饭 300 克，洋葱 80 克，青椒 1 个，熟鸡胸肉 50 克，青豆罐头 1 听，大虾 100 克，牛奶 400 毫升，鲜奶油 40 克，碎芝士 10 克。

调料

盐、黑胡椒碎各 3 克。

做法

1. 洋葱、青椒、熟鸡胸肉洗净，切成小丁；大虾去壳、去虾线，洗净。
2. 米饭加入牛奶搅拌开，用小火煮一下，成为潮湿的米饭，拌入盐和青豆。
3. 把煮过的米饭放入烤盘，撒上黑胡椒碎、碎芝士、洋葱丁、青椒丁、鸡胸肉丁、大虾，绕圈淋上奶油，放入烤箱，用 200℃的温度烤 15 分钟，至周围起泡、芝士呈金黄色即可。

小贴士

牛肉选里脊肉，一定要把筋膜去除，这样才能保证牛肉馅的口感。另外，此菜不放油，因为培根烤制后会出油

培根牛肉卷

材料

培根5片，牛肉末50克，熟鹌鹑蛋5个，蛋黄1个，洋葱末10克。

调料

盐2克，蒜末、黑胡椒各3克，糯米粉、面包糠各5克。

做法

1 将牛肉末、蛋黄、洋葱末和调料放在一起，搅拌均匀。
2 竹垫上面垫一层保鲜膜，放上培根，将拌匀的牛肉末均匀地铺在上面，再放上一个鹌鹑蛋。
3 将培根轻轻卷起，卷好后去掉保鲜膜，再用锡纸卷起。
4 将烤箱预热到210℃，烤20分钟即可。

蔬菜吐司一锅烩

材料

胡萝卜、小番茄各 50 克，核桃仁、瓜子仁各 15 克，吐司面包 2 片，鸡蛋 1 个。

调料

盐、胡椒粉各 3 克，植物油适量。

做法

1 将鸡蛋煮熟。

2 胡萝卜、小番茄分别洗净，切块；吐司面包切块；将煮熟的鸡蛋剥开，切两半。

3 锅置火上，倒入植物油，烧热，倒入胡萝卜，煸炒 2 分钟。

4 将剩下所有食材倒入锅中，与胡萝卜一起加热约 3 分钟盛出，加盐、胡椒粉调味即可。

小贴士

鸡蛋可以提前煮熟，吐司面包片也可以提前切好。另外，可以根据孩子的喜好，加入其他蔬菜、坚果等

虾烤豆腐

材料

大虾200克，豆腐100克，青椒25克，红甜椒25克。

调料

姜末、葱末各10克，淀粉5克，盐、白糖各3克，料酒10毫升，蚝油10克，植物油适量。

做法

1 大虾洗净，剪去虾脚，从虾的尾部倒数第二节挑出虾肠，剥出虾仁；青椒、红甜椒洗净，切成细丁，待用。

2 豆腐洗净，沥干水分，切成长5厘米、宽4厘米、高4厘米的长方块，挖出中间的豆腐，形成凹槽状。

3 平底锅倒入油烧热，下入豆腐块煎至金黄色，捞出沥油待用。

4 将虾仁放入调盆内，加入葱末、姜末、青椒丁、红甜椒丁、盐、白糖、料酒、蚝油及淀粉，拌匀待用。

5 将豆腐块码放在盘子里，把拌好的虾仁舀在豆腐的凹槽内，覆上保鲜膜。

6 将豆腐虾仁放进微波炉里，用中火加热8分钟即可。

小贴士

去掉虾壳有多种方法，但从虾的尾部倒数第二节挑出虾肠，并用手捏紧，抽出，可以较好地保持虾身的完整

扫一扫，看视频

小贴士

为了早上节省时间，可以在前一晚将彩椒、黄瓜、胡萝卜、生菜择洗干净，早上直接切就可以了。沙拉的蔬菜最好不要在前一晚都切好放在冰箱冷藏，避免早上吃生冷食物伤胃

爽口蔬菜沙拉

材料

红甜椒、黄甜椒各25克，红生菜、绿生菜、黄瓜、胡萝卜各50克，西芹30克。

调料

千岛酱适量。

做法

1 黄瓜洗净，去蒂，切条；胡萝卜择洗干净，切条；西芹去叶留茎，撕去表面的粗纤维，切条；红、黄甜椒洗净，去蒂，除子，切条；红、绿生菜择洗干净，沥干水分。

2 取小碟，倒入千岛酱拌匀即可。

小贴士

现用水泡发干香菇比较慢，可以选用鲜香菇。只不过，要注意鲜香菇的存放保鲜，不要误食了变质的香菇

蒜泥香菇

材料

干香菇 250 克。

调料

盐 3 克，料酒 10 毫升，蒜末 10 克，植物油适量。

做法

1 将干香菇用清水泡发，然后洗净，去蒂，用刀在菇面上画十字纹。
2 蒜末加植物油、盐、料酒搅拌均匀制成蒜泥料。
3 电饼铛边预热，边在底部刷一层植物油，放入香菇，将蒜泥料刷在香菇上，合上烤盘，烤 6 分钟，打开烤盘，取出，盛入盘中即可。

纸杯小蛋糕

材料

低筋面粉 40 克，酸奶 200 毫升，黄油 30 克，鸡蛋 2 个，玉米淀粉 15 克。

调料

白糖 10 克，白醋适量。

做法

1 鸡蛋提前从冰箱拿出恢复至室温，磕破，将蛋黄和蛋清分离；在蛋清中淋入白醋，用电动打蛋器打出大泡，分 3 次加入白糖，快速打发。

2 在化开的黄油中倒入酸奶，用蛋抽搅拌均匀，将蛋黄放入后搅拌均匀，筛入低筋面粉和玉米淀粉，用橡皮刮刀切拌至无颗粒的面糊，加入打发的蛋清混合均匀，制成蛋糕糊，倒入制作小蛋糕的纸质模具里。

3 烤箱预热至 160℃，将蛋糕模具放入烤箱中，烘烤 15~20 分钟，取出脱模即可。

黑米蒸蛋糕

材料

鸡蛋 2 个，面粉 100 克，黑米面 50 克，泡打粉适量。

调料

白糖 8 克。

做法

1 准备一个无水无油的器皿，最好要大一些，以免鸡蛋打发后外漏。

2 面粉和黑米面及泡打粉混合，过筛备用。

3 鸡蛋打散，白糖分 3 次加入，将鸡蛋打到用打蛋器舀起后垂下 3 厘米左右即可。

4 将过筛好的粉类搅入蛋液，分次搅入，用刮刀上下拌匀。

5 倒入月亮模具中，磕出大气泡。

6 冷水上锅，从锅冒蒸汽开始算 15~20 分钟，直到用筷子插入后没有粘蛋糊为止。

第4章

32套特效功能早餐
开启元气满满的一天

强壮骨骼，成就“小超人”

三餐定时定量

定时定量可使大脑皮质里的食物中枢形成优势兴奋灶，使消化吸收系统形成有规律的活动，以提高消化吸收率。食物种类要多样化，这样才能保证各类营养素的全面摄入。

保证钙的充足摄入

钙是骨质生成的必需材料，是人体含量最多的无机元素，孩子骨骼、牙齿的健康与钙密切相关。所以，饮食必须保证钙的充足，建议孩子每日应摄入充足的钙质。

孩子每日钙质摄入量

年龄（岁）	每日摄入量（毫克）	年龄（岁）	每日摄入量（毫克）
0~	200	7~	1000
0.5~	250	11~	1200
1~	600	14~	1000
4~	800	18~	800

以上数据参考《中国居民膳食指南（2016）》

补钙的最佳食物

补钙和预防缺钙的最好方法是每天喝一杯牛奶。另外，鱼、虾、蟹、贝、鸡蛋、豆类及豆制品、紫菜、海产品等均富含钙质。要注意的是，补钙的同时不要吃含草酸的食物，如菠菜，否则草酸与钙结合成草酸钙，容易形成结石，不利于钙质的吸收。

与补钙有关的营养细节

补钙也要补镁
镁能够促进钙在人体中的吸收利用，钙镁比例以 2:1 为宜。

适量摄入维生素 D
维生素 D 能够促进钙吸收，及时正确补充维生素 D 对孩子很重要。

蛋白质促成易吸收的钙盐
蛋白质消化分解为氨基酸，尤其是赖氨酸和精氨酸，会与钙结合形成可溶性钙盐，利于钙吸收。

钙磷比例均衡
一般认为，钙磷比例为 2:1 时有利于钙吸收，即钙是磷的 2 倍。

钙剂、铁剂、锌剂分开补
钙、铁、锌最好要分开补，这样会更好地被身体吸收，时间间隔至少 2 小时。

少吃盐
盐的摄入量越多，尿中排出钙的量越多，钙的吸收也就越差。

让孩子远离垃圾食品

垃圾食品热量很高，而且会影响孩子对其他营养物质的吸收，从而不利于孩子骨骼的健康发育。而且口味重，易形成挑食习惯。

张大夫悄悄话

适度晒太阳有助于补钙

平时可选择上午 8：00~10：00 或者下午 4：00~5：00 晒太阳。需要强调的是，晒太阳的关键是要适度，而且不能接受强直射光直接照射，以免过强的日光对皮肤造成日晒伤害。

南瓜双色花卷套餐

南瓜双色花卷

水果杏仁豆腐羹

火龙果牛奶

南瓜双色花卷既开胃又能补充碳水化合物；水果杏仁豆腐羹不仅能生津止渴助消化，还能补充维生素；火龙果牛奶有利于补钙健骨。此套餐能促进孩子生长发育。

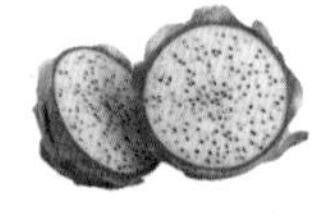

头天准备

买好花卷；清洗食材，沥水，与买好的杏仁豆腐、牛奶一起放入冰箱保鲜

早上时间安排

热花卷

碗中倒入开水，加白糖晾凉

将西瓜、香瓜、水蜜桃、火龙果用水冲一下

8 分钟 处理食材

火龙果肉加牛奶后，倒入搅拌机搅拌一下，加少许白糖

在晾凉的糖水中加入西瓜丁、香瓜丁、水蜜桃丁、杏仁豆腐丁

水果杏仁豆腐羹

材料

西瓜、香瓜各 40 克，水蜜桃 35 克，杏仁豆腐 50 克，白糖少许。

做法

1 西瓜、香瓜取果肉去子，切丁；水蜜桃洗净，切丁；杏仁豆腐切丁。
2 碗中倒入适量开水，加白糖调味晾凉。
3 糖水中加入西瓜丁、香瓜丁、水蜜桃丁、杏仁豆腐丁即可。

火龙果牛奶

准备时间
2分钟

材料

火龙果 50 克，牛奶 250 毫升，白糖适量。

做法

1 火龙果取果肉，果皮留整。
2 火龙果肉加牛奶，一同倒入搅拌机，稍微搅拌。
3 食用前，加少许白糖即可。

推荐套餐2
干番茄炒虾仁
牡蛎煎蛋
奶黄包
香菇粥

推荐套餐3
干核桃仁拌菠菜
香菇茭白汤
韭菜鸡蛋包

推荐套餐4
西芹百合
金针鸡丝
番茄虾皮汤
全麦面包片

火龙果牛奶
水果杏仁豆腐羹
南瓜双色花卷

黑椒虾套餐

蔬菜蛋饼三明治

黑椒虾

果仁面茶

猕猴桃

妈妈可以多给孩子做些能强壮骨骼的早餐，多选用可以补充钙质的食材，这样既可以为孩子长身体提供能量，还有利于促进孩子的全面发展。

头天准备

3~4 只大虾，放冰箱冷藏

黑芝麻、花生仁炒熟

备好胡萝卜、青椒、洋葱、培根、鸡蛋、切片面包

早上时间安排

洗净大虾、煎虾

清洗胡萝卜、青椒、洋葱，切丝；培根切丝

打散鸡蛋

煎熟鸡蛋液

炒熟洋葱丝、培根丝、胡萝卜丝、青椒丝

熟花生仁、熟黑芝麻研碎

加沸水和白糖调果仁面茶

黑椒虾

材料

鲜虾 3~4 只。

调料

盐 2 克，黑胡椒粉 5 克，植物油适量。

做法

1 鲜虾处理干净，备用。
2 锅置火上，倒入适量油，烧至六成热。
3 将虾放入锅内，撒上一些盐、黑胡椒粉，煎 2 分钟；翻面，再撒上一些盐、黑胡椒粉，煎 1 分钟即可。

果仁面茶

材料

熟面粉 150 克，熟花生仁 30 克，熟黑芝麻 50 克。

调料

白糖 10 克，植物油适量。

做法

1 熟花生仁、熟黑芝麻研碎。
2 锅内倒油烧热，炒匀面粉。
3 将核桃仁、花生仁、芝麻倒入锅中，小火炒匀，关火。
4 晾凉后，取适量用沸水冲开，加白糖调味即可。

推荐套餐 2
芝麻栗子糊
油饼
凉拌紫甘蓝
香蕉

推荐套餐 3
牛奶瓜子仁豆浆
芝麻烧饼
花生拌菠菜
橘子

推荐套餐 4
虾皮紫菜豆浆
猪肉包子
炒洋葱
猕猴桃

猕猴桃
果仁面茶
蔬菜蛋饼三明治
黑椒虾

提高免疫力，让孩子少生病

孩子免疫力低下的表现

1 很容易感冒，天气稍微变冷、变凉，来不及加衣服就打喷嚏，而且感冒后要过好长一段时间才能好。

2 伤口容易感染，身体哪个部位不小心被划伤后，伤口会红肿，甚至流脓。

3 孩子长得不壮，容易过敏，对环境的适应能力较差，尤其是在换季的时候。

4 孩子长得不快，智力发育水平低，反应慢。

5 孩子长得不高，个子较矮，身体发育有些迟缓。

全面均衡地摄入营养

健全的免疫系统能抵抗多数致病的细菌和病毒，让孩子远离疾病。孩子的免疫力除了取决于遗传基因外，还受饮食的影响，因为有些食物的成分有利于增强免疫能力。这就要求全面均衡地摄入营养，人体缺少任何一种营养素都会出现这样或那样的症状或疾病。

所以，营养均衡才能保证孩子的免疫力。给孩子吃的食物种类一定要丰富多样，肉、蛋、新鲜蔬菜水果品种尽可能多样，少吃各种油炸、熏烤、过甜的食物。

蛋白质是抗体构成成分

孩子抵抗能力的强弱，取决于抵抗疾病的抗体的多少，而蛋白质是抗体、酶、血红蛋白的构成成分。当孩子缺乏蛋白质时，酶的数量就会下降，导致抗体合成减少，进而使免疫力下降，还会使孩子生长发育迟缓。

在给孩子补充蛋白质时，应尽量选择奶制品、蛋类、肉类、坚果等，这些食物中所含的蛋白质中的氨基酸比例与人体的蛋白质相似，可以更好地补充身体所需。

张大夫悄悄话

大豆是优质蛋白的绝好来源

大豆蛋白就是大豆中所含的蛋白质，是一种植物性蛋白质，备受营养学家推崇。大豆中的蛋白质含量高达35%～40%，而且不含胆固醇，是很多动物蛋白不可比拟的，被誉为“植物蛋白之王”，非常适合孩子补充蛋白质食用。

适当补充锌、硒

锌是生长发育的必需物质，常被誉为“生命的火花”，孩子的生长和发育都离不开它。锌能维持细胞膜的稳定和免疫系统的完整性，提高人体免疫功能。儿童每天所需锌为 10 毫克左右，可选择牡蛎、扇贝、虾等海产品。

硒有利于提高人体的免疫功能，增强对疾病的抵抗能力，并增强淋巴细胞的抗癌能力，可多吃鱼类、肉类、海产品、小麦胚芽、洋葱、番茄、西蓝花等。

要重视三餐

长期不吃早餐或早餐吃不好，会使免疫力降低；午餐起到承上启下的作用，午餐吃得好，人才能精力充沛，才能有高的工作和学习效率；晚餐不宜吃得过饱过晚，晚上人体活动量很小，食物不易消化吸收，长期晚餐过饱会影响身体素质。

此外，应常吃新鲜蔬菜水果，摄入充足的水分，少吃甜食，少吃油炸、熏烤食物，不偏食、挑食。

可以提高免疫力的维生素

维生素	作用	食物来源
维生素 A	对具有抵御病原菌入侵作用的黏膜上皮细胞生成有着重要作用，因此，能够增强人体的免疫功能	胡萝卜、鸡肝、深色蔬菜水果等
维生素 B_5	能够合成抗体，抵抗传染病。人体缺乏维生素 B_5，会导致免疫组织的结缔细胞分解，从而降低免疫力	牛肝、鸡蛋、牛奶、豌豆、菠菜等
维生素 B_6	能促进蛋白质的消化、吸收，提高蛋白质的利用率，缺乏时会引起免疫系统退化	鸡蛋、鱼类、豆类、核桃、花生等
维生素 C	提高白细胞功能，提高免疫力，预防感冒	番茄、菜花、猕猴桃、甜椒、菠菜等

黄豆饭套餐

黄豆饭

肉末蒸圆白菜

香菇蒸蛋

香蕉

圆白菜中的膳食纤维和维生素 E、维生素 C 的含量较高，香蕉富含维生素 C、钾，干香菇富含硒元素，对孩子免疫力的提高有很大帮助；肉末、鸡蛋、黄豆可以补充蛋白质；米饭可以为孩子提供身体必需的碳水化合物。

头天准备

干香菇洗净后浸泡，沥水后放入冰箱冷藏

干黄豆洗净后浸泡

择洗圆白菜，沥水后放入冰箱冷藏

炒肉末，加入调味料拌匀，放入冰箱冷藏

早上时间安排

蒸黄豆饭

同时

处理食材

焯烫圆白菜

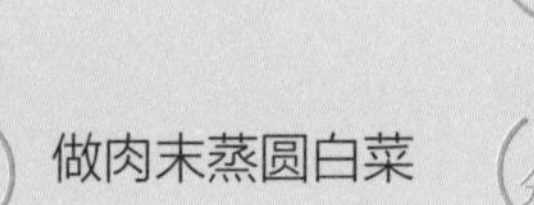

做肉末蒸圆白菜

做香菇蒸蛋

肉末蒸圆白菜

材料

猪肉末 100 克，圆白菜叶 50 克。

调料

酱油、盐、葱末、植物油各适量。

做法

1 圆白菜用开水焯烫，捞出晾凉，菜叶平铺。

2 热锅下油，放入肉末煸炒至断生，加盐、葱末、酱油翻炒。

3 炒好的肉末倒在圆白菜叶上卷好，放蒸锅里蒸，上汽后继续蒸 3 分钟即可。

香菇蒸蛋

材料

鸡蛋 60 克，干香菇 5 克。

调料

盐 2 克。

做法

1 将干香菇泡水，沥干，去蒂，切成细丝。

2 鸡蛋打散，加适量水和香菇丝并搅匀，加少许盐调味。

3 放入蒸锅中，蒸 8~10 分钟即可。

推荐套餐 2
香芋饭
西蓝花香蛋豆腐
鲜橙汁

推荐套餐 3
生滚鱼片粥
菠菜拌绿豆芽
花卷
火龙果

推荐套餐 4
豆沙包
芹菜拌花生米
蛋香萝卜丝
香瓜

黄豆饭
香蕉
香菇蒸蛋
肉末蒸圆白菜

蛋炒饭套餐

蛋炒饭

西蓝花炒虾仁

小麦核桃红枣豆浆

柚子

用一顿丰盛的早餐增强孩子的免疫力其实很简单。鸡蛋、西蓝花、虾仁、核桃、红枣等一起食用就可以达到这一目的，从而减少疾病的困扰。这份套餐有利于增强孩子的免疫力，让孩子全身心地投入学习、没有后顾之忧。

头天准备

清洗黄豆和小麦仁，然后放入豆浆机中，加适量清水，浸泡一夜

清洗西蓝花、虾仁

早上时间安排

将红枣、核桃处理一下

煮豆浆

3分钟

处理西蓝花、虾仁

做蛋炒饭

做西蓝花炒虾仁

蛋炒饭

准备时间 2分钟

烹调时间 2分钟

材料

鸡蛋 2 个，米饭 200 克。

调料

葱 10 克，盐、香油、植物油各适量。

做法

1 鸡蛋洗净，磕入碗中，加少许清水和盐拌匀；葱洗净，切成葱花。
2 锅内倒油烧热，淋入蛋液，待其凝固，划碎，装盘。
3 锅留底油，放入葱花、米饭翻炒，待米饭松软后，加入鸡蛋、盐、葱花和香油调味即可。

西蓝花炒虾仁

准备时间 3分钟

烹调时间 2分钟

材料

新鲜虾仁 100 克，西蓝花 300 克。

调料

蒜末、料酒、盐、植物油各适量。

做法

1 西蓝花掰成小朵；虾仁焯烫一下，过冷水后捞出，沥干水分。
2 锅置火上，倒油烧热，爆香蒜末，放入西蓝花和虾仁，翻炒均匀，放入料酒和盐调味即可。

推荐套餐2

番茄鸡蛋打卤面
凉拌菠菜
香蕉

推荐套餐3

鸡肉虾仁馄饨
鸡蛋灌饼
炒花生
猕猴桃

推荐套餐4

水果薄脆饼
五香豆干
鸡肝小米粥
橘子

小麦核桃红枣豆浆
西蓝花炒虾仁
柚子
蛋炒饭

补铁补血不贫血，更健康

补铁首选动物性食物

铁元素分为血红素铁和非血红素铁。前者多存在于动物性食物中，后者多存在于蔬果、坚果和全麦食品中。相比而言，血红素铁更容易被人体吸收。因此，补铁应该首选动物性食物，如牛肉、动物肝脏、动物血、鱼类等。一般来说，肉类的颜色越红，所含血红素铁就越多，动物的心、肝、肾等内脏和动物血所含的血红素铁最为丰富。

植物性食物中的铁不易吸收

植物性食物中铁的吸收率比动物性食物低，补铁效果不是很理想。但是一些含铁量比较高的植物性食物，可以作为补铁的次要选择，如油菜、苋菜、韭菜、红枣、樱桃、芝麻、核桃、木耳等。

补铁同时补维生素 C 可促进吸收

维生素 C 可以促进铁元素的吸收，有利于血红蛋白的生成，改善贫血症状。维生素 C 多存在于蔬果中，如橙子、猕猴桃、樱桃、柠檬、西蓝花、南瓜等均含有丰富的维生素 C，在进食高铁食物时搭配吃富含维生素 C 的蔬果或喝一些这些蔬果打制的蔬果汁，都可以增加铁吸收。

维生素 B_2 有助于预防贫血

维生素 B_2 又称核黄素，可以促进铁吸收、预防贫血。维生素 B_2 广泛存在于奶类、蛋类、动物内脏、粗粮中。

张大夫悄悄话

怎样又低脂又补铁

肉类脂肪过多，为了避免孩子肥胖，可以从烹调方法上下工夫，选择蒸、煮、烤、焖等烹调方式，去掉肉类中的肥肉和脂肪层，烹调的时候不放或少放油，都能有效减少孩子吃肉发胖的风险。

有机酸、半胱氨酸可提高铁吸收率

柠檬酸、乳酸、丙酮酸、琥珀酸等与铁形成可溶性小分子络合物，提高铁吸收率。

深色绿叶菜通过人体新陈代谢会产生一种类半胱氨酸的物质，半胱氨酸有与维生素 C 类似的作用，能协助非血红素铁还原。

警惕抑制铁吸收的因素

1 植酸盐和草酸盐。这类盐会影响铁吸收，多存在于谷类、蔬菜中。
2 钙、锌等矿物质。大剂量的钙会阻碍铁吸收；无机锌和无机铁之间会竞争，互相干扰吸收。
3 多酚类、鞣酸物质干扰铁吸收。

巧烹调，保护食物中的铁

主食选发酵食品，铁比较容易吸收，因此，馒头、发糕、面包要比面条、烙饼、米饭更适合孩子补铁。

去掉草酸，铁吸收更好。吃叶菜时，先用开水焯一下，去掉大部分草酸，可以让孩子吸收更多铁。

荤素、果蔬搭配，能提高植物性食物铁的吸收率，而且新鲜蔬果含丰富的维生素 C，可以促进铁吸收。

鸡蛋饼套餐

- 鸡蛋饼
- 豆豉牛肉
- 桂圆红枣豆浆
- 草莓

豆豉牛肉，可以补铁补血；桂圆红枣豆浆，益心脾补气血；鸡蛋饼可以补充蛋白质和碳水化合物。这一套餐既能保证孩子生长所需，又能补铁补血。

头天准备

清洗豆子，将豆子放入豆浆机中，加适量清水，浸泡一夜

处理食材

早上时间安排

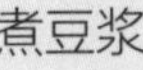
煮豆浆

同时

调面糊

烙鸡蛋饼

调豆豉

炒豆豉牛肉

洗草莓

鸡蛋饼

材料

面粉 100 克，鸡蛋 2 个，盐 5 克，水 100 毫升，植物油 15 毫升，香葱 3 根。

烹调时间 8 分钟

做法

1 打散鸡蛋，调入盐和水后搅匀。
2 面粉倒入蛋液里，搅拌成面糊，撒入香葱粒。
3 中火加热平底锅，抹油，倒入一大勺鸡蛋面糊。轻晃锅体，使面糊均匀地向平底锅四周散开。
4 蛋饼单面固定后，翻面，把另一面也烙熟定形。依次将剩余的面糊煎成蛋饼。

豆豉牛肉

准备时间 5 分钟

烹调时间 5 分钟

材料

牛肉 150 克，豆豉 15 克，鸡汤 30 毫升，酱油 3 克，植物油适量。

做法

1 牛肉洗净，切成末。
2 锅置火上，放油烧热，下入牛肉末煸炒片刻，再下入碎豆豉、鸡汤和酱油，炒熟即可。

推荐套餐 2
粗粮煎饼
凉拌花椰菜
菠菜瘦肉粥
猕猴桃

推荐套餐 3
美味葱花卷
木耳炒鸡蛋
核桃红枣粥
草莓

推荐套餐 4
蛋炒饭
香椿拌木耳
鸡丝紫菜汤
葡萄

鸡蛋饼
桂圆红枣豆浆
草莓
豆豉牛肉

煎饼卷大葱套餐

皮蛋瘦肉粥

煎饼卷大葱

花生拌菠菜

葡萄

一顿能补铁、补血的早餐十分重要。这套早餐含有补铁的瘦肉、鸡蛋、菠菜等，孩子常吃补铁、补血效果好。

头天准备

将皮蛋、瘦肉、大米一起放入电饭煲中，倒入足量的水，选择预约定时功能煮粥

制作煎饼皮的面浆和酱料

早上时间安排

做煎饼皮、鸡蛋皮

焯烫菠菜

卷煎饼

做花生拌菠菜

皮蛋瘦肉粥

材料

大米 150 克，皮蛋 1 个，里脊肉 50 克。

调料

葱花、姜丝、盐、胡椒粉各适量。

做法

1 大米淘洗干净，皮蛋去壳、切丁，里脊肉放入沸水锅中焯烫、洗净、切丁。

2 大米、清水、皮蛋丁、里脊肉丁煮黏稠，加葱花、姜丝、盐、胡椒粉，按“即时预约”键即可。

花生拌菠菜

烹调时间
1 分钟

材料

菠菜 250 克，煮熟的花生仁 50 克。

调料

姜末、蒜末、盐、醋各 2 克，香油少许。

做法

1 菠菜洗净，焯熟捞出，切段。

2 将菠菜段、花生仁、姜末、蒜末、盐、醋、香油拌匀即可。

推荐套餐 2

鸡丝苋菜粥
香菇油菜
刀切馒头
香蕉

推荐套餐 3

火腿蔬菜蛋包饭
蒜蓉空心菜
猕猴桃

推荐套餐 4

猪肉茴香蒸包
酥炸鲜香菇
桂圆红枣豆浆
橘子

花生拌菠菜
皮蛋瘦肉粥
葡萄
煎饼卷大葱

健脾开胃吃饭香，长得壮

食欲缺乏的原因

孩子缺乏食欲的原因有很多：由于平时爱吃零食，觉得吃饭没有滋味；缺少某些营养素，导致胃肠蠕动变慢，消化食物的时间延长；前后两次进餐时间间隔过短；吃饭时暴饮暴食，不细细咀嚼等。

饮食调理方法

饮食上，妈妈们要注意调剂花样，要清淡少油腻，细软易消化；可以给孩子吃些能补脾胃助消化的食物，如山药、扁豆等。

烹调时，最好把食物制作成汤、羹、糕等，尽量少吃或不吃煎、炸、烤的食物。

多给孩子吃些富含胡萝卜素的食物，如胡萝卜、南瓜、橘子等，以保护呼吸道和胃肠道的黏膜免受病毒和细菌的侵袭，保护脾胃功能。

规律进食

规律地进餐，定时定量，可形成条件反射，有助于消化腺的分泌，更利于消化。要做到每餐食量适度，每日三餐定时，到了该吃饭的时间，不管肚子饿不饿，都应让孩子进食，避免过饥或过饱。

另外，饮食的温度应以“不烫不凉”为度。孩子吃饭时要让他细嚼慢咽，以减轻胃肠负担，对食物咀嚼次数越多，随之分泌的唾液越多，对胃黏膜的保护作用也越大。

补充 B 族维生素

B 族维生素能够增强消化功能，从而开胃消食。维生素 B_{12} 能够帮助消化、增加食欲；维生素 B_1 能够促进糖的分解，促进胃肠蠕动；维生素 B_6 能够增强胃的吸收功能；烟酸能够维持消化系统的健康。

> 富含维生素 B_1 的食物有: 猪里脊、小麦、小米、鲜玉米等。
> 富含维生素 B_6 的食物有: 肉类、全谷类、蔬菜和坚果等。
> 富含维生素 B_{12} 的食物有：牛肉、猪肉、鲢鱼、鸡蛋等。
> 富含烟酸的食物有：鸡肉、猪肉、鸡蛋、小麦胚等。

加餐的必要性

因为孩子的活动量大，常常没到吃饭时间能量就消耗掉大部分，很难维持接下来的活动。所以，为了防止孩子处于饥饿状态，加餐是必要的。但加餐应该选择营养丰富的食物，如牛奶、豆浆、全麦面包等。

此外，如果孩子在上一次正餐时没有吃蔬菜，那就选择蔬菜作为加餐；如果没有吃肉类，那么肉类就是首选。

少吃零食

零食的营养价值低，很多孩子因为贪吃零食而不爱吃正餐，导致营养不良，所以应该少给孩子吃零食，尤其是饭前 1 小时最好不吃。另外，饭前最好也不要给孩子吃一些过甜的食物，如葡萄、香蕉、荔枝等，这些食物含糖较高，可能降低食欲。可用山楂、话梅、陈皮等刺激食欲，草莓、橙子等水果也有一定开胃效果。

忌吃寒凉食物

脾胃最怕寒凉的食物，这个“寒凉”不单单指温度冰冷的食物，还包括它的属性，像香蕉、西瓜这些都是寒凉性食物，孩子吃多了会影响消化、吸收。

因此，脾胃不好的孩子尽量少吃寒凉性水果，以免伤脾胃。另外，像冰激凌、雪糕等也要少给孩子吃。

五色疙瘩汤套餐

茼蒿豆腐干

番茄生菜沙拉

五色疙瘩汤

花卷

茼蒿豆腐干具有健脾胃助消化的功效；生菜搭配番茄，开胃解烦躁；五色疙瘩汤健胃易消化；花卷提供孩子生长所需的碳水化合物。

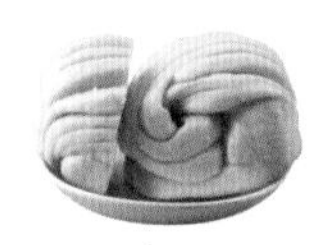
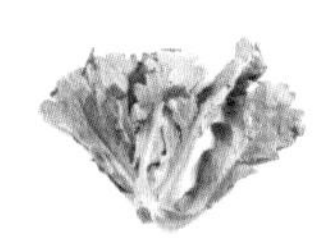

头天准备

清洗食材，沥水，与买好的花卷一起放入冰箱冷藏

早上时间安排

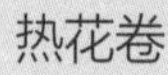

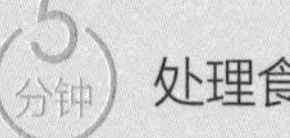

拌番茄生菜沙拉

做五色疙瘩汤

做茼蒿豆腐干

茼蒿豆腐干

材料

茼蒿 200 克，鲜香菇 50 克，竹笋尖 25 克，豆腐干 30 克。

调料

色拉油 20 克，盐适量。

做法

1 茼蒿洗净，放开水锅中焯熟，捞出过凉水，挤干水分，切小段；香菇、竹笋洗净，切小丁；豆腐干切碎末。
2 炒锅上火，放色拉油烧热，下香菇丁和笋丁炒出香味。
3 倒入豆腐干略炒，加盐炒入味，盛出，晾凉。
4 加入茼蒿拌匀即可。

准备时间 5 分钟

烹调时间 5 分钟

五色疙瘩汤

材料

面粉 100 克，番茄 100 克，油菜 2 棵，海带芽 10 克。

调料

色拉油、葱、姜、酱油、香油各适量。

做法

1 番茄洗净，切小块；油菜洗净，切碎；海带芽温水泡约 5 分钟，沥水；葱切碎花，生姜切末。
2 热锅下油，加入葱姜炒出香味，放番茄、油菜略炒，加酱油、盐略炒，加适量水烧开。
3 撒入面疙瘩，煮成糊状；加海带芽略滚，淋香油即可。

准备时间 5 分钟

烹调时间 5 分钟

推荐套餐 2：翠绿芥蓝、山药羹、哈密瓜番茄粥

推荐套餐 3：荞麦南瓜饼、多味银条、赤豆山楂米糊、菠萝

推荐套餐 4：四喜花卷、凤梨泡菜、炝胡萝卜丝、大米海参粥

花卷
番茄生菜沙拉
茼蒿豆腐干
五色疙瘩汤

红豆山楂米糊套餐

红豆山楂米糊

摊莜面煎饼

麻酱油麦菜

草莓

早上起来孩子可能会没有食欲，但是不吃早餐会影响一整天的学习，所以一顿开胃的美味早餐，既可以促进孩子的食欲，还能为孩子补充足够的营养。这套早餐含有开胃的山楂、芝麻酱、莜面、油麦菜等，能帮助孩子打开胃口，让孩子开心地享受完美的早餐。

头天准备

2 分钟 将红豆、大米各50克洗净，山楂10克洗净、去核，放入豆浆机中，按下“米糊”键，再按下“预约”键，设定下自己需要的时间

早上时间安排

2 分钟 准备材料

2 分钟 摊莜面煎饼

1 分钟 清洗油麦菜

2 分钟 做麻酱油麦菜

麻酱油麦菜

材料

麻酱汁适量，油麦菜 300 克。

调料

蒜末少许，盐、植物油各适量。

烹调时间 2分钟

做法

1 油麦菜清洗干净，切段。
2 锅内倒油烧热，放入蒜末炒香，放入油麦菜翻炒至熟，放入麻酱汁炒匀，加盐调味即可。

摊莜面煎饼

准备时间 2分钟

烹调时间 2分钟

材料

莜麦面 100 克，鸡蛋 3 个，碎菜 20 克。

调料

葱花 5 克，盐 2 克，植物油适量。

做法

1 鸡蛋磕开，搅拌成蛋液；将莜麦面与鸡蛋液、盐、葱花、碎菜混合均匀。
2 平底锅中放入少许植物油烧热。
3 在锅中均匀放一勺面糊，用小火摊成面饼即可。

推荐套餐2
红豆山药粥
花卷
扁豆鸡丁
橙子

推荐套餐3
春饼
蚕豆炒韭菜
五谷酸奶豆浆
猕猴桃

推荐套餐4
鲜虾酱汤面
鸡蛋炒丝瓜
草莓

草莓
摊莜面煎饼
红豆山楂米糊
麻酱油麦菜

乌发护发，黑亮的头发人人夸

孩子头发枯黄的原因

甲状腺功能低下、高度营养不良、重度缺铁性贫血、大病初愈等原因均可导致孩子体内黑色素减少，使乌黑头发的基本物质缺乏，黑发逐渐变为黄褐色或淡黄色。

孩子头发枯黄饮食对策

营养不良性黄发的饮食对策

应注意调配饮食，改善孩子身体的营养状态。鸡蛋、瘦肉、大豆、花生、核桃、黑芝麻中除含有大量蛋白质，还含有构成头发的主要成分胱氨酸及半胱氨酸，它们是养发护发的最佳食品。

酸性体质黄发的饮食对策

与血液中酸性毒素增多和给孩子喂食过多的甜食、大鱼大肉有关。多给孩子吃些海带、豆类、蘑菇、新鲜蔬菜和水果，有利于中和体内酸性毒素，改善头发发黄的状态。此外，不吃早餐和 20：00 以后吃宵夜也是造成酸性体质的原因。

饮食加分法则

1. 让孩子合理地进食，营养充分，搭配科学。饮食中要保证豆制品、水果和胡萝卜等各种食物的摄入与搭配，含碘丰富的紫菜、海带也要经常给孩子食用。
2. 多给孩子食用蛋类、豆类或豆制品等富含蛋白质的食物，促进头发健康。
3. B 族维生素、维生素 C 含量丰富的食物，对孩子头发呈现自然光泽有不可替代的作用，妈妈们可以选择水果、小米等食物给孩子食用。
4. 甲状腺素能保持头发的光泽度，所以可以适当给孩子添加一些含碘丰富的食物，使得甲状腺素能正常分泌。

忌吃含糖量高、碳酸饮料等食物

糕点、汉堡、碳酸饮料、冰激凌等食物会影响头发生长，导致头发卷曲或变白，头皮屑增多，掉发、断发等现象。所以孩子要尽量避免吃这些食物。

乌发护发明星食材大盘点

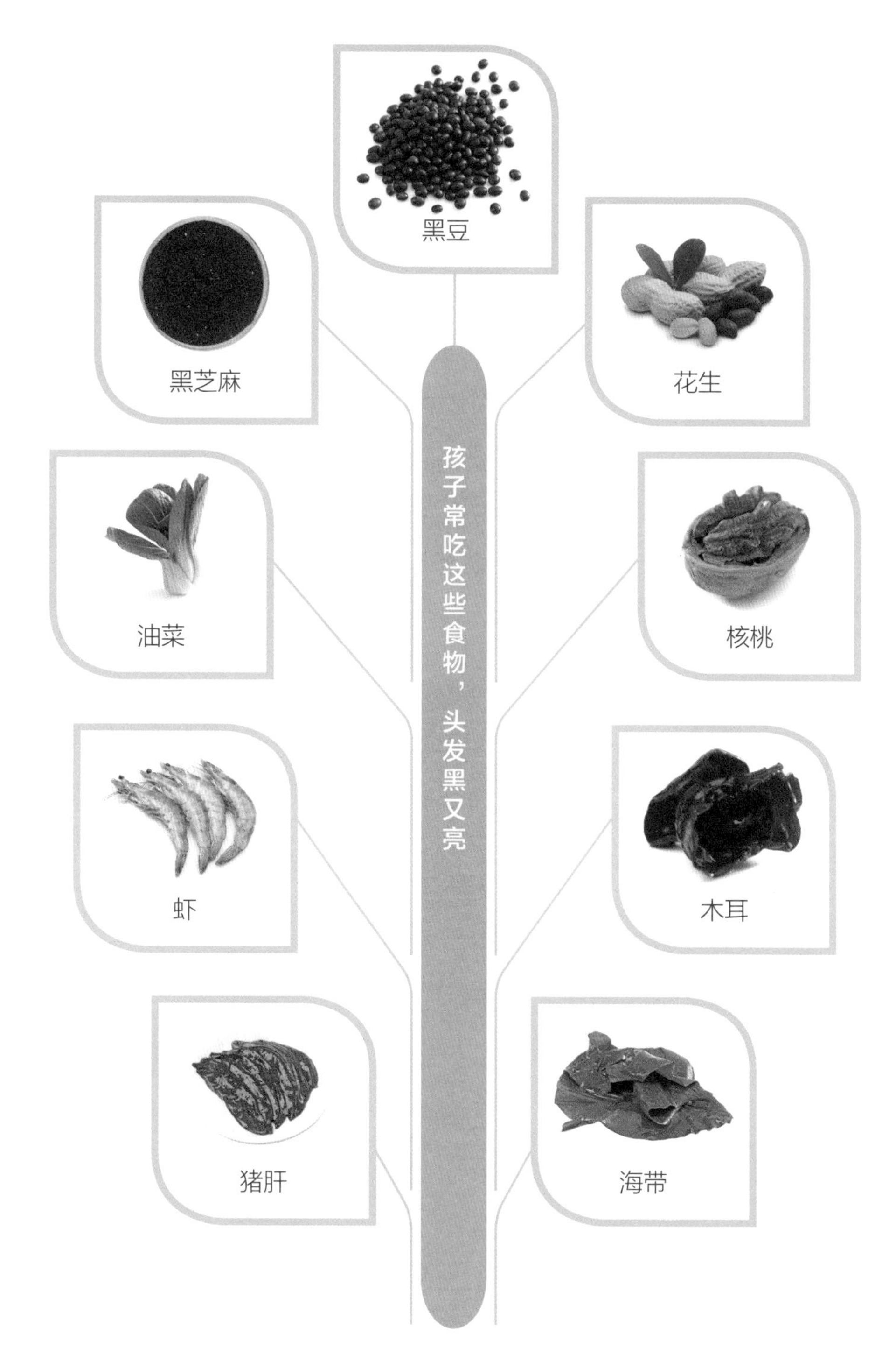

黑芝麻小米粥套餐

猪肝摊鸡蛋
凉拌莴笋片
黑芝麻小米粥
馒头
芒果

猪肝摊鸡蛋，可以使头发亮泽、不易折断；莴笋可促进孩子头发的生长；黑芝麻含有维生素 E、B 族维生素、多种氨基酸及磷、铁等矿物质，有利于抑制和改善头发变白，让头发乌黑亮丽。

头天准备

清洗猪肝、莴笋、芒果，沥水后与买好的馒头一起放入冰箱保鲜

黑芝麻洗净，晾干，研成粉

早上时间安排

煮黑芝麻小米粥、热馒头

同时

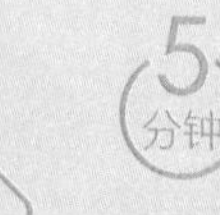

处理食材

做猪肝摊鸡蛋

凉拌莴笋片

猪肝摊鸡蛋

准备时间 8 分钟

烹调时间 5 分钟

材料

猪肝 50 克，鸡蛋 60 克。

调料

盐 2 克，植物油适量。

做法

1 猪肝洗净，用热水焯过后切碎；鸡蛋打到碗里，放入猪肝碎和盐搅拌均匀。

2 锅置火上，放植物油烧热后倒入蛋液，将鸡蛋两面煎熟即可。

黑芝麻小米粥

材料

小米 50 克，黑芝麻 10 克，白糖 4 克。

做法

1 小米洗净；黑芝麻洗净，晾干，研成粉。

2 锅置火上，加入适量清水，放入小米，大火烧沸，转小火熬煮。

3 小米熟烂后，加白糖调味，慢慢放入芝麻粉，搅拌均匀即可。

推荐套餐 2
菠萝沙拉
银耳鸡蛋羹
香蕉黑芝麻糊

推荐套餐 3
枸杞蒸蛋
虾露什锦菜
玉米馒头

推荐套餐 4
核桃豌豆羹
木须肉炒饼
蒜蓉蒸丝瓜

馒头
芒果
黑芝麻小米粥
猪肝摊鸡蛋
凉拌莴笋片

虾肉水饺套餐

虾肉水饺
青椒炒木耳
核桃

孩子除了在学校上课外，还经常上一些特长培训班，任务很重，容易出现营养不良，这会导致头发缺乏营养，失去光泽，这时父母可以多为孩子准备一些滋润头发的早餐。

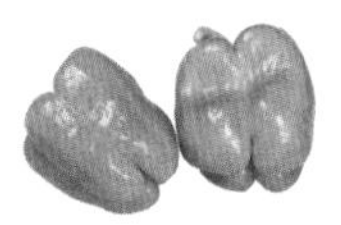

头天准备

净虾仁洗净，切碎；五花肉剁碎，与虾仁碎、盐、植物油、香油、冬笋末搅成馅

面粉制成饺子皮，包馅料制成饺子生坯，放入冰箱备用

早上时间安排

煮水饺

同时

处理木耳、胡萝卜、青椒

炒熟青椒、胡萝卜、木耳

虾肉水饺

材料

制作好的虾肉水饺 200 克。

做法

1 锅内倒水置火上。
2 将头天包好的饺子拿出来备用。
3 水开后放入饺子煮熟即可。

青椒炒木耳

准备时间 2分钟

烹调时间 5分钟

材料

水发木耳 200 克，胡萝卜丝 100 克，青椒丝 80 克。

调料

葱丝、姜丝各 5 克，盐 3 克，植物油适量。

做法

1 水发木耳去蒂洗净，撕小朵。
2 锅内倒油、烧热，爆香葱丝、姜丝，加木耳、胡萝卜丝、青椒丝翻炒，再加盐和少量水炒熟即可。

推荐套餐2

花生芝麻黑豆浆
玉米面发糕
凉拌芹菜叶
香蕉

推荐套餐3

芝麻栗子糊
猪肉馅包子
凉拌黄瓜
苹果

推荐套餐4

芝麻黑米糊
刀切馒头
凉拌白菜心
菠萝

青椒炒木耳

核桃

虾肉水饺

益智健脑，让孩子成为小小智多星

儿童期大脑发育是关键

胎儿期和儿童期是大脑发育的关键时期，胎儿期的大脑发育主要靠母体的营养供给。6 岁孩子的大脑神经系统发育已达成人的 85%，8 岁儿童的智力可达成人的 80%。因此，关注儿童期的大脑发育至关重要。

饮食原则

1. 每周至少吃一顿鱼。鱼肉脂肪中含有对神经系统具有保护作用的 ω-3 脂肪酸，有助于健脑。吃鱼还有助于加强神经细胞的活动，从而提高学习和记忆能力。
2. 多吃豆类及其制品。豆类及其制品含有大脑所需的优质蛋白和 8 种必需氨基酸，有助于增强脑血管的功能。
3. 核桃和芝麻对于治疗神经衰弱、失眠症，松弛脑神经的紧张状态，消除大脑疲劳效果很好。
4. 多吃水果。菠萝中富含维生素 C 和微量元素锰，有助于提高孩子的记忆力；柠檬可提高孩子的接受能力；香蕉可向大脑提供重要的物质酪氨酸，而酪氨酸可使孩子精力充沛、注意力集中，并能提高其创造能力。
5. 吃适量大蒜，可促进葡萄糖转变为能量。
6. 注重补锌。锌与细胞生长及组织再生都有关系，可直接参与基因的表达控制，促进神经系统和大脑的健康，并影响思维的敏捷性，所以锌也被称为“智力之源”。

建议儿童每日锌摄入量为 7 毫克，青少年每日锌摄入量为 16 毫克。

贝壳类海产品、红肉类（猪肉、牛肉、羊肉等）、动物内脏类都是锌的极好来源；坚果、干果类，谷类胚芽等也富含锌。

孩子如果缺锌，则常常多动，注意力不集中，自我控制力差

保证孩子按时进餐

大脑依靠血中的葡萄糖供给能量，维持大脑活力。但是，人脑中储存的葡萄糖很少，只能够维持数分钟，因此，必须依靠人体的血液循环，源源不断地运输葡萄糖，而葡萄糖主要从食物中摄取，所以必须保证孩子按时进餐，才能确保血糖水平处于稳定状态。

饮食要适度

如果孩子吃得过饱，摄入的热量就会大大超过消耗的热量，使热量转变成脂肪在体内蓄积。如果脑组织的脂肪过多，就会引起“肥胖脑”。孩子的智力与大脑沟回皱褶多少有关，大脑的沟回越明显、皱褶越多，就越聪明。而“肥胖脑”使沟回紧紧靠在一起，皱褶消失，大脑皮质呈平滑样，而且神经网络的发育也差，所以，智力水平就会降低。

健脑食材推荐

大豆及豆制品

富含卵磷脂和优质蛋白，可提高记忆力和学习能力。

花生

含有优质蛋白和卵磷脂、锌等，是神经系统发育必不可少的物质。

核桃

富含赖氨酸和不饱和脂肪酸等，对增进脑神经功能有重要作用。

鸡蛋

蛋黄中含有卵磷脂、蛋黄素等脑细胞必需的成分，能给大脑带来活力。

鱼虾贝类

富含锌、优质蛋白、钙和 ω-3 脂肪酸，有利于大脑的发育。

黄鱼馅饼套餐

黄鱼馅饼

胡萝卜拌莴笋

蓝莓酱核桃块

黄鱼馅饼、胡萝卜拌莴笋，可补充脑部营养，促进孩子脑发育；蓝莓中富含花青素，能够很好地保护和提高孩子的视力；核桃则能够促进孩子大脑的发育。此套餐能使孩子头脑变得更聪明，非常适合小学生食用。

头天准备

胡萝卜洗净，去皮，切小菱形片；莴笋洗净，去皮，切菱形片。沥干水分后，放入冰箱保鲜

核桃仁洗净后浸泡

早上时间安排

蓝莓酱核桃块

处理食材

黄鱼馅饼

胡萝卜拌莴笋

黄鱼馅饼

材料

净黄鱼肉 50 克，牛奶 30 毫升，洋葱 20 克，鸡蛋 1 个。

调料

淀粉 10 克，植物油、盐各适量。

烹调时间
5 分钟

做法

1 黄鱼肉去刺剁成泥，装入碗中；洋葱洗净，切碎，放入鱼泥碗中。
2 鸡蛋打散，搅拌均匀后，倒入鱼泥碗中，再加入牛奶、淀粉和盐搅拌均匀。
3 平底锅内加油烧热后，将鱼糊倒入锅中，煎成两面金黄即可。

蓝莓酱核桃块

材料

核桃仁 50 克，魔芋粉 1.5 克。

调料

蓝莓果酱、白糖各适量。

做法

1 核桃仁洗净，提前泡透；蓝莓果酱稀释一下。
2 将核桃放入搅拌机，加水打成核桃露，加少许糖搅匀。
3 核桃露中加入魔芋粉，拌匀，放入锅中加热、煮沸。
4 倒入模具定型后，切块，淋上蓝莓酱即可。

推荐套餐 2

芹菜拌花生仁
番茄肝末汤
桂花糕
水蜜桃

推荐套餐 3

芝麻拌菠菜
番茄鸡蛋疙瘩汤
韭菜盒子
菠萝

推荐套餐 4

蔬菜酸奶沙拉
蛋黄南瓜小米粥
烙玉米饼
香蕉

蓝莓酱核桃块
胡萝卜拌莴笋
黄鱼馅饼

猪肉茴香蒸包套餐

木瓜芒果豆浆

猪肉茴香蒸包

蒜蓉菠菜

核桃

猪肉是锌的良好来源；核桃有助于改善脑神经功能；木瓜中含有大量水分、碳水化合物、蛋白质、脂肪、多种维生素及人体必需的氨基酸，可有效补充养分，增强孩子体质；大蒜可以促进体内能量转换。这份早餐对提升孩子智力、体质有很好的功效。

头天准备

酵母粉用温水化开，加入面粉搅匀，揉成面团，分割成剂子，擀成包子皮；猪肉洗净，切末，加入料酒、酱油、胡椒粉、香油、葱末、姜末搅打上劲备用；茴香择洗干净，捞出挤干水分，切碎，放入肉馅中，加盐、熟植物油拌匀，制成包子馅，包入包子皮中，制成包子生坯，蒸熟，晾凉后放入冰箱

黄豆清洗干净，浸泡一晚上

早上时间安排

煮豆浆

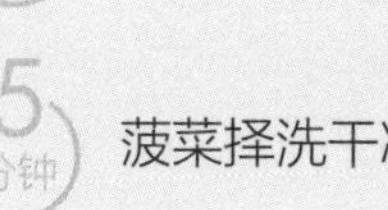

2 分钟 芒果肉、木瓜切丁

5 分钟 冰箱中取出蒸包，蒸热

5 分钟 菠菜择洗干净，焯水

3 分钟 做蒜蓉菠菜

木瓜芒果豆浆

烹调时间 20 分钟

材料

黄豆 50 克，木瓜、芒果肉各 35 克。

做法

1 头天将黄豆洗净，浸泡一晚上；芒果肉切丁；木瓜去皮，除子，洗净，切小块。

2 上述食材一同倒入全自动豆浆机中，加水至上、下水位线之间，按下“豆浆”键，煮至豆浆机提示豆浆做好，过滤后即可。

蒜蓉菠菜

准备时间 5 分钟

烹调时间 3 分钟

材料

菠菜 300 克，大蒜末 20 克。

调料

盐 2 克，鸡精、植物油各适量。

做法

1 菠菜择洗干净。

2 把菠菜放入加有盐的沸水中焯烫，捞出，沥干。

3 锅置火上，放油烧热，下蒜末爆香。

4 再放入菠菜，加盐、鸡精，炒至入味即可。

推荐套餐 2

莲子花生豆浆
刀切馒头
松仁玉米
香蕉

推荐套餐 3

八宝粥
麻酱白菜
樱桃

推荐套餐 4

芦笋蔬菜卷
紫薯南瓜豆浆
菠萝

木瓜芒果豆浆

核桃

蒜蓉菠菜

猪肉茴香蒸包

增强记忆力，过目可以不忘

给大脑补充营养

如果大脑功能不好，就会出现记忆力下降、反应迟钝等现象，孩子处于生长发育阶段，要学知识、长技能，更要注意补充大脑营养。补脑最好的方式就是饮食调补。

补充 ω-3 脂肪酸

ω-3脂肪酸对神经系统有保护作用，有助于健脑。研究表明，鱼类中富含ω-3脂肪酸，每周应至少吃一次鱼，特别是三文鱼、沙丁鱼和青鱼等。吃鱼还有助于加强神经细胞的活动，从而提高学习和记忆能力。

蛋白质是智力活动的基础

蛋白质是智力活动的物质基础，是控制脑细胞兴奋与抑制过程的主要物质，大脑细胞在代谢过程中需要大量蛋白质来补充、更新，增加优质蛋白质的摄入，可适量多吃鱼、蛋、奶、瘦肉等食物。

及时补充糖类

大脑消耗的葡萄糖量很大，几乎占人体血液中葡萄糖含量的2/3，而脑组织本身不能储存葡萄糖，只能利用血液提供的葡萄糖产生的能量。因此，经常用脑的学生要适当吃些含糖类的食物，当大脑疲劳时可以吃些点心或水果。

常吃富含 B 族维生素的深色绿叶菜

蛋白质类食物在新陈代谢中会产生一种类半胱氨酸的物质，这种物质本身对身体无害，但如果含量过高会引起认知障碍和心脏病。而且，类半胱氨酸一旦氧化，就会对动脉血管壁产生毒副作用。维生素B_6或维生素B_{12}可以防止类半胱氨酸氧化，而深色绿叶菜中维生素含量最高。

宜吃忌吃食物对对碰

鸡蛋

蛋黄中含有卵磷脂、维生素和矿物质等，有助于增进神经系统功能，常食可增强记忆。

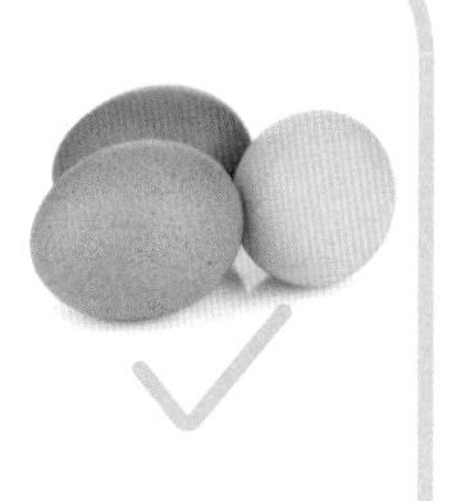

鱼类

含有丰富的DHA、蛋白质、维生素A、维生素D及碘、钙、磷等营养物质，能促进孩子智力和记忆力的增长。

核桃、花生等坚果

核桃中所含的微量元素锌和锰是脑垂体的重要成分，常食有益于补充大脑营养，提高记忆力。

油炸食品

炸薯条、汉堡、炸鸡腿、炸鱼等油炸食物过氧化脂质含量很多，不仅会影响孩子大脑的发育，还会损害脑细胞。

坚持细嚼慢咽的饮食习惯

细嚼慢咽可以把刺激传导至脑干、小脑、大脑皮质，促进大脑活动，充分的咀嚼还能帮助分泌胆囊素，这种激素通过血液进入大脑能提高孩子的记忆力和学习能力。

少喝碳酸饮料

许多孩子爱喝饮料，而大多数饮料中都含有防腐剂——苯甲酸钠。过量食用苯甲酸钠可能会引起神经系统变性，对神经系统的伤害是个缓慢积累的过程，一些孩子出现记忆力减退等情况很可能和过量食用苯甲酸钠有一定关系。

孩子常喝碳酸饮料容易养成喝饮料不喝白开水的不良习惯，给肾脏和肝脏造成负担

花生拌菠菜套餐

花生拌菠菜

苹果酸奶饮

果酱松饼

花生所含的维生素 E 和锌具有抗氧化作用，能够增强孩子记忆力；菠菜中含有的 β－胡萝卜素可以保护脑细胞免受自由基的损害。二者搭配可以增强记忆力、保护大脑细胞。苹果酸奶饮、果酱松饼都有助于增强孩子的记忆力。

头天准备

清洗菠菜、苹果，沥干水分后，放入冰箱保鲜

煮花生仁

早上时间安排

处理食材

榨苹果酸奶饮

煎松饼

做花生拌菠菜

花生拌菠菜

烹调时间
2 分钟

材料

菠菜 250 克，煮熟的花生仁 50 克。

调料

姜末、蒜末、盐、醋各 3 克，香油 1 克。

做法

1 菠菜洗净，焯熟捞出，过凉水，切段。
2 将菠菜段、花生仁、姜末、蒜末、盐、醋、香油拌匀即可。

果酱松饼

准备时间
8 分钟

烹调时间
8 分钟

材料

低筋面粉 50 克，配方奶粉 25 克，鸡蛋 1 个。

调料

白糖 5 克，果酱 5 克，色拉油适量。

做法

1 低筋面粉和配方奶粉一起过筛子，加入鸡蛋、白糖和适量的水，和成面糊。
2 将色拉油倒入平底锅中烧热，分次倒入面糊，煎成金黄色，蘸果酱食用即可。

推荐套餐 2
橙汁藕片
花生米
琥珀核桃
红枣粥
葱油饼

推荐套餐 3
凉拌豇豆
水晶虾仁
黑芝麻粥
荞麦馅饼

推荐套餐 4
凉拌魔芋丝
番茄熘豆腐
燕麦粥
蔬菜玉米饼

苹果酸奶饮

花生拌菠菜

果酱松饼

- 花生榛子豆浆
- 摊莜麦蛋饼
- 翠丝同心圆
- 葡萄

大脑是学习、记忆、储存知识的宝库，只有大脑组织的代谢活跃了，孩子的记忆力才能提高，而饮食调养是增加大脑营养供给的关键，父母可以多给孩子吃些有益于大脑的食物，如花生、榛子、鸡蛋等。

头天准备

清洗黄豆，浸泡一夜

花生仁洗净，
榛子仁研碎

早上时间安排

煮豆浆

将鸡蛋与莜麦面、葱花、盐、韭菜碎搅成糊

摊面饼

5 分钟 将洋葱切成圆环状；将青椒、红椒洗净，切丝

炒熟青椒丝、红椒丝、洋葱圈

摊莜麦蛋饼

准备时间 5分钟

烹调时间 10分钟

材料

莜麦面100克，鸡蛋3个，韭菜碎20克。

调料

葱花5克，盐2克，植物油适量。

做法

1 鸡蛋磕开，搅拌成蛋液，将蛋液与莜麦面、葱花、盐、韭菜碎搅拌成糊状。
2 锅内倒油烧热，在锅中均匀放上1勺面糊，用小火摊成面饼，煎至淡黄时翻面，直到两面金黄即可。

翠丝同心圆

准备时间 5分钟

烹调时间 5分钟

材料

洋葱300克，青椒、红椒各30克。

调料

盐2克，植物油适量。

做法

1 洋葱洗净，切成圆环状；青椒、红椒分别洗净，去蒂和子，切成丝。
2 锅内倒油，放入青椒丝、红椒丝，翻炒片刻放入洋葱圈、盐，炒匀，待洋葱稍微变色即可。

推荐套餐2
核桃杏仁豆浆
油条
豆豉鲮鱼油麦菜
蓝莓

推荐套餐3
山楂核桃黑豆浆
韭菜鸡蛋盒子
蒜蓉菠菜
苹果

推荐套餐4
豆腐脑
油饼
蒜蓉西蓝花
香蕉

葡萄
摊莜麦蛋饼
花生榛子豆浆
翠丝同心圆

提升专注力，学习事半功倍

多巴胺和去甲肾上腺素的活性决定注意力

如果发现孩子学习时不能集中注意力，不少家长会用命令的语气说：注意力集中点儿！强制孩子控制自己的注意力，结果却收效甚微。其实“注意”过程是由大脑中一些实实在在的“注意物质”控制着，科学上称为神经递质与受体。多巴胺和去甲肾上腺素是提升注意力的重要神经递质。

科学研究发现，患有注意力缺陷型多动症的孩子大脑中多巴胺和去甲肾上腺素功能低下，给予促进多巴胺和去甲肾上腺素功能药物，可以在一定程度上改善这些孩子的注意力下降症状。

多食富含蛋白质的食物

酪氨酸是生成多巴胺和去甲肾上腺素的原料，但酪氨酸不能由人的身体生成，必须通过进食来摄取。酪氨酸存在于动物和植物蛋白食品中，因此，摄入富含蛋白质的膳食会提高血浆中酪氨酸的水平。

富含酪氨酸的食物有花生、豆类、奶酪、葵花籽、糙米等。

维生素 B_6 和铁具有辅助作用

酪氨酸合成多巴胺需要维生素B_6和铁，因此富含维生素B_6和铁的食物也有助于多巴胺和去甲肾上腺素的生成。

富含维生素B_6的食物有牛肝、核桃仁、香蕉、花生仁、葡萄干等。

富含铁的食物有动物血、动物肝、牛肾、大豆、黑木耳、芝麻酱、牛肉、羊肉、蛤蜊、牡蛎、蛋黄、干果等。

张大夫悄悄话

别让孩子贪食巧克力

巧克力中蛋白质、矿物质和维生素的含量低，由于缺乏这些生长发育所必需的营养素，贪食巧克力就会影响少儿大脑的生长发育，妨碍神经胶质的增殖，使智力发育滞后。

早餐一定要吃好

孩子如果不吃或吃不好早餐，整个上午身体都处于低温状态。大脑的反应在低温状态时会变得迟钝，而体温适度升高的话，大脑则会变得活跃。吃早餐可以升高睡眠时降低的体温，增加大脑的活跃性。早餐吃得好的孩子，脑部的主要能源——葡萄糖含量会升高，保证脑部充足的能量，能很好地提高注意力。

少吃或不吃含食品添加剂的食物

因为食品中的人工色素、防腐剂等添加剂不仅会损害人体健康，还会阻碍人的注意力集中，如方便食品、罐头食品等，所以孩子应尽量少吃这些食物。

养成不偏食、不挑食的饮食习惯

一些孩子喜欢肉食，不喜欢吃蔬菜、水果。一旦进食肉类过多，会导致体内蛋白质过量，而过量的蛋白质会转化为热量堆积在体内，使大脑处于持续的兴奋状态，孩子就会出现课上课下心神不宁的情况，所以孩子的早餐一定要多样化。

集中注意力明星食材推荐

酸奶

酸奶中酪氨酸有利于保持敏锐的思维、记忆力及清醒程度。

鱼类

鱼类中的 DHA 可以提高脑细胞之间信息传递的效率，改善注意力不集中的问题。

肉类、谷类

肉类、谷类中含有维生素 B_{12} 较多，具有促进红细胞的形成和再生，促使注意力集中的作用。

蒜泥木耳套餐

蒜泥木耳

红薯酸奶

荞麦饼

菠萝

木耳富含铁，酸奶、菠萝醒脑，荞麦富含赖氨酸，此套餐有利于提高孩子专注力，让孩子上课不分神。

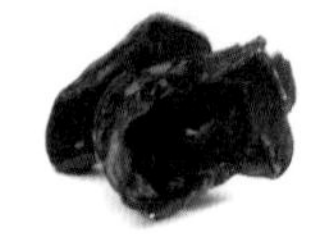

头天准备

清洗食材，沥水后放入冰箱保鲜

做荞麦饼

早上时间安排

处理食材

黑木耳、胡萝卜丝分别焯水

烤红薯，做红薯酸奶

热荞麦饼

做蒜泥木耳

切菠萝

红薯酸奶

材料

红薯 100 克，原味酸奶 40 毫升。

做法

1 将红薯去皮，切小块，在清水中略泡。

2 将红薯放入耐热容器中，加适量清水，包上保鲜膜，放进微波炉中加热至熟。

烹调时间
5 分钟

3 将熟红薯取出，趁热碾成红薯泥。

4 把红薯泥放入小碗或盘中，晾凉，浇上原味酸奶即可。

荞麦饼

材料

荞麦面 300 克，大葱 20 克。

调料

盐、植物油各适量。

做法

1 荞麦面和成面团，醒发。

2 大葱切葱花，拌入油、盐。

3 面团擀成面片，均匀撒葱花，卷成卷，等分三份，将露出葱花的两头捏紧，按成圆饼状，擀薄，用平底锅烙熟即可。

推荐套餐 2

鸡蛋炒洋葱
核桃杏仁豆浆
牛肉汉堡
猕猴桃

推荐套餐 3

牛奶蒸蛋
什锦糙米粥
三文鱼寿司
香蕉

推荐套餐 4

浇汁鲜藕
蛋黄粥
三鲜水饺
苹果

菠萝
荞麦饼
红薯酸奶
蒜泥木耳

牛肉汉堡套餐

核桃杏仁豆浆

牛肉汉堡

鸡蛋炒洋葱

橘子

通过调理孩子的饮食来提高注意力，效果还是很不错的。可以吃些有益大脑的食物，这样既可以帮助孩子集中注意力，还能为孩子的健康成长提供丰富的营养。

头天准备

清洗食材，沥水后放入冰箱保鲜

研碎核桃仁和杏仁

早上时间安排

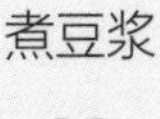

剖开面包，放入烤箱

3 分钟 做牛肉汉堡

3 分钟 炒熟洋葱

做牛肉饼

处理洋葱，搅拌蛋液

核桃杏仁豆浆

烹调时间
20 分钟

材料

黄豆 50 克，核桃仁、杏仁各 10 克。

调料

冰糖 10 克。

做法

1 头天将黄豆清洗干净，放进豆浆机中浸泡；核桃仁和杏仁研碎。

2 将杏仁碎和核桃仁碎倒入装黄豆的全自动豆浆机中，加水至上下水位线之间，煮至豆浆机提示豆浆做好，过滤后加冰糖搅拌即可。

鸡蛋炒洋葱

准备时间
3 分钟

烹调时间
3 分钟

材料

洋葱 200 克，鸡蛋 2 个，红椒丁 10 克。

调料

酱油 5 克，盐 2 克，植物油适量。

做法

1 洋葱去皮，洗净切丝；鸡蛋打成蛋液，加红椒丁、洋葱丝搅匀。

2 锅内倒油烧热，倒入蛋液翻炒，炒至洋葱变软即可。

推荐套餐 2
番茄面片汤
花生拌菠菜
橘子

推荐套餐 3
健脑豆浆
葱油饼
小葱拌豆腐
草莓

推荐套餐 4
阳春面
醋熘白菜
苹果

核桃杏仁豆浆
牛肉汉堡
橙子
鸡蛋炒洋葱

缓解学习压力，让童年张弛有度

吃好每顿饭

不重视饮食，吃饭时马马虎虎或者随便吃几口，这样会使孩子能量供应不足、缺乏营养，尤其是B族维生素，表现在情绪上即为神经紧张、情绪急躁，所以应该吃好每顿饭，均衡营养，这样才会精力十足、倍感轻松。

碳水化合物与糖是基本能量

由于大脑的能量来源只有葡萄糖，血糖过低既影响学习效率，也影响情绪，所以早餐应多吃些富含碳水化合物的食物，如粥、馒头等，小米不仅能够提供充足的碳水化合物，还含有丰富的B族维生素。

蛋白质食物不可少

蛋白质能够消除身心疲劳，安定紧张的神经，抚慰焦躁的情绪，若搭配B族维生素、不饱和脂肪酸、钙、铁等一同摄入，效果更好。富含蛋白质的食物有肉类、坚果类等。

B 族维生素与维生素 C 缓解压力效果好

B族维生素和维生素C这两类水溶性维生素对缓解精神压力也有作用。

B族维生素是人体神经系统物质代谢过程中不可缺少的物质，可以营养神经细胞，有舒缓情绪、松弛神经紧张的效果。维生素B_1能使孩子心情轻松，充满活力；维生素B_2可以安定神经；维生素B_{12}可以维持神经系统的健康。补充B族维生素，可以多选用鸡肉、燕麦、核桃等。

维生素C可以维持细胞膜的完整性，增强记忆力，有缓解心理压力的效果，富含维生素C的食物是各种新鲜蔬菜和水果。

钙、镁、钾可松弛神经

摄入足够的钙可使神经系统松弛，含钙高的食物有酸奶、牛奶、虾皮、蛋黄、芝麻酱、绿叶蔬菜等。

镁、钾可以让肌肉放松，调节心律，富含镁、钾的食物有卤水豆腐、薏米、香蕉、土豆、杏仁、花生、各色豆类等。

多吃粗粮是减压的良方

长期的精神压力和疲劳会导致胃肠功能紊乱，造成便秘，俗称“上火”。膳食纤维能促进胃肠蠕动，帮助排便，而补充膳食纤维最简单的方法就是多吃粗粮和蔬菜，如玉米面、荞麦面、豆面、白薯、芋头、新鲜玉米等。所以孩子的食谱中不能只有粳米、白面，玉米碴子、嫩玉米、荞麦面等也应出现。用全麦面包代替普通面包也是增加膳食纤维的办法。

多吃“开心”的食物，有利于缓解焦虑

香蕉

所含的生物碱可帮助大脑制造血清素，减少焦虑。

葡萄柚

富含维生素C，能增强孩子的抵抗力，也是身体产生多巴胺、去甲肾上腺素等愉悦因子的重要成分。

菠菜

缺乏叶酸会导致精神疾病，包括抑郁症和精神分裂症等，而菠菜富含人体所需的叶酸。

莲藕

有养血、除烦等功效。取藕片以小火煨烂，加蜂蜜食用，有利于缓解焦虑和压力。

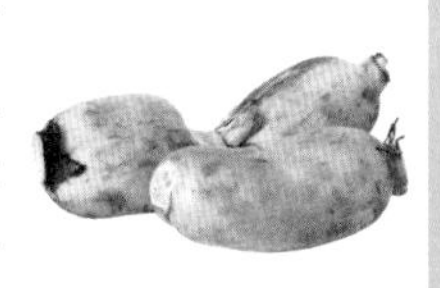

牛奶蒸蛋羹套餐

牛奶蒸蛋羹
菠萝鸡丁
核桃紫米粥
手撕饼

牛奶蒸蛋羹可以给孩子补充蛋白质，菠萝鸡丁营养又爽口，核桃紫米粥补脑，手撕饼补充能量。一顿营养丰富的早餐可以助孩子缓解学习压力。

头天准备

清洗食材，沥水后放冰箱保鲜；
浸泡紫米、糯米

鸡腿去骨，
拍松切丁

早上时间安排

和面
并醒发

10 分钟 处理食材

做牛奶蒸蛋羹

做核桃
紫米粥

15 分钟 做手撕饼

做菠萝鸡丁

牛奶蒸蛋羹

烹调时间
8分钟

材料

鸡蛋2个，鲜牛奶200毫升，虾仁25克。

调料

盐3克，香油1克。

做法

1 鸡蛋打入碗中，加鲜牛奶搅匀，再放盐化开；虾仁洗净。
2 鸡蛋液入蒸锅大火蒸约2分钟，此时蛋羹已略成形，将虾仁摆放上面，改中火再蒸5分钟，最后出锅淋上香油即可。

菠萝鸡丁

烹调时间
8分钟

材料

鸡腿300克，菠萝3片，青红椒各1个，大葱1根。

调料

植物油、淀粉、酱油、料酒、生姜、盐、白糖各适量。

做法

1 葱切段，姜切片，红椒切丝，青椒切片，菠萝切块。
2 鸡腿去骨，拍松切丁，用酱油、盐、料酒、白糖腌渍5分钟。
3 鸡肉过油捞出；锅内留底油，爆香葱、姜，加菠萝块、青红椒、鸡丁拌炒，淋水淀粉即可。

推荐套餐2
香蕉片拌鲜桃
双菇南瓜
牛奶麦片粥
芝麻饼

推荐套餐3
芝麻菠菜
核桃紫米粥
葱花饼
芒果

推荐套餐4
凉拌紫甘蓝
糯米桂圆粥
汉堡
西瓜

手撕饼
核桃紫米粥
牛奶蒸蛋羹
菠萝鸡丁

小窝头套餐

牛奶豆浆

凉拌芹菜叶

小窝头

香蕉

孩子不断长大，学习压力也越来越大，如果不能得到及时调整，就有患抑郁症的危险。除了要帮助孩子做到劳逸结合外，父母还要调节孩子的饮食。做一些有利于缓解压力的早餐，既可以为孩子提供生长发育所需要的营养，还能缓解孩子的压力。

头天准备

头天晚上清洗黄豆，浸泡一晚

将玉米面、黄豆面、白糖揉匀，搓成 2 厘米粗的细条，下剂子，将面剂子搓成圆球状，在圆球中间钻一个小洞即成窝头生坯，上锅蒸熟即可

早上时间安排

煮豆浆

同时

小窝头蒸热

处理芹菜叶

用佐料调理芹菜叶

依个人口味调豆浆

牛奶豆浆

准备时间 2 分钟

烹调时间 20 分钟

材料

黄豆 80 克，牛奶 250 毫升。

调料

白糖适量。

做法

1 头天将黄豆洗净，浸泡一个晚上。

2 把浸泡好的黄豆倒入全自动豆浆机中，加水至上下水位线之间，煮至豆浆机提示豆浆做好，依个人口味加白糖调味，待豆浆凉至温热，倒入牛奶搅拌均匀后饮用即可。

凉拌芹菜叶

准备时间 5 分钟

烹调时间 2 分钟

材料

芹菜叶 200 克。

调料

酱油、醋、辣椒油各 5 毫升，白糖 5 克，干红辣椒、盐各 3 克，香油少许。

做法

1 芹菜叶洗干净，焯熟捞出，控净水。

2 将芹菜叶与盐、酱油、白糖、醋、辣椒油、干红辣椒（稍炸）、香油拌匀即可。

推荐套餐 2

牛奶花生豆浆
馒头
凉拌紫甘蓝
草莓

推荐套餐 3

紫薯燕麦粥
老婆饼
五香豆腐干
樱桃

推荐套餐 4

阳春面
竹笋炒豆角
杏仁

牛奶豆浆
凉拌芹菜叶
香蕉
小窝头

消除疲劳感，轻装才能上阵

饮食种类要平衡，重视碳水化合物

要做到饮食多样化，包括对碳水化合物、蛋白质、脂肪三大能量物质的摄入。其中，碳水化合物是能量的主要来源，人体所有器官的运行，尤其是大脑，都需要消耗能量。每天55%~65%的能量要依靠碳水化合物来补充。可以多食用乳制品和豆制品，二者都是很好的蛋白质及能量来源，应适量补充，且应每天都摄入。

多吃碱性食物可消除疲劳感

当人体疲劳时，代谢产生的酸性物质聚集，导致思维迟滞、肌肉酸软、疲劳。因此，日常多给孩子食用碱性食物，使身体保持酸碱平衡，有利于缓解疲劳、减轻心理压力。属于碱性的食物有蔬菜、水果、菌藻类（如海带、木耳）、薯类、豆类等。

某些水果吃起来口感虽然是酸的，但是消化吸收后会产生碱性物质，同样属于碱性食物，如西瓜、苹果、菠萝、梨等；而进食草莓、洋葱等可以消除心理疲劳，改善大脑供氧，缓解不良情绪。

新鲜蔬菜所含钙、钾、镁等碱性离子进入体内，可以维持体液的弱碱性环境，让孩子头脑清醒、思维敏捷。

摄入适量维生素 C 和 B 族维生素

维生素C具有较好的抗疲劳功效，人体若缺乏维生素C就会出现体重减轻、四肢无力、肌肉关节疼痛等症状。另外，想要缓解并消除疲劳，就要积极摄取B族维生素，它是碳水化合物和脂肪向能量转化过程中必需的成分，尤其是维生素B_1和维生素B_2更不能缺乏。想要补充这两类维生素，可以多吃番茄等新鲜蔬果及肉类。

生吃番茄时用开水烫一下表皮，不仅能促使番茄红素释放，还能杀除表皮部分细菌

吃些全谷类食物

全谷食物含有丰富的纤维素及 B 族维生素，是我国居民膳食中维生素的重要来源，可增强抵抗力，避免身体产生疲倦感。可以让孩子适当多吃些糙米饭、全麦面包等。

缓解眼疲劳

孩子很容易产生眼疲劳，想要缓解眼疲劳，可以让孩子多摄入富含花青素、各种维生素的食物，如葡萄、番茄、胡萝卜、燕麦、坚果等，从而保护视力、缓解眼疲劳、减少眼部充血。

按揉气海穴，消除疲劳

按揉气海穴

精准定位：肚脐正下 1.5 寸处即是气海穴。
推拿方法：用拇指或食指指腹按揉气海穴 3 ~ 5 分钟，力度适中。
取穴原理：有增强体质的作用，改善全身疲劳的状况。

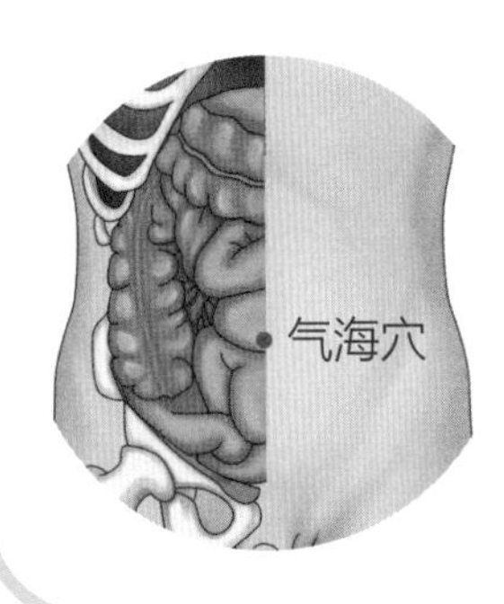

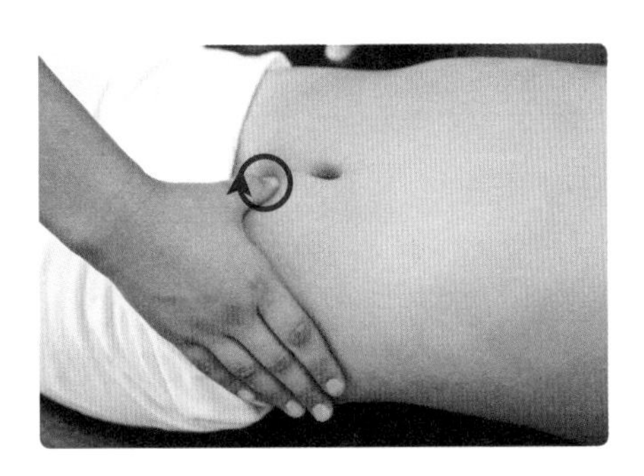

鸡肉三明治套餐

鸡肉三明治

凉拌黄瓜

牛奶

煮鸡蛋

西瓜

在这顿早餐中，鸡蛋、牛奶能提供丰富的优质蛋白质，面包提供充足的碳水化合物，黄瓜、番茄、生菜则提供丰富的维生素和矿物质，荤素搭配，干稀都有，孩子吃完后可以保持精力充沛。

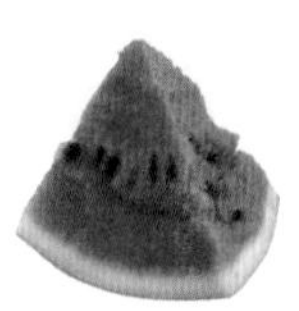

头天准备

鸡胸肉洗净，煮熟，切片，放入冰箱冷藏

清洗番茄、生菜、黄瓜，沥干水分，放入冰箱冷藏

早上时间安排

煮鸡蛋

同时

热牛奶

做鸡肉三明治

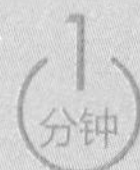

西瓜切好放入盘中

凉拌黄瓜

鸡肉三明治

烹调时间
2 分钟

材料

面包 3 个，鸡胸肉 100 克，番茄、生菜各 50 克。

调料

黑胡椒粉适量。

做法

1 将番茄和生菜分别用水快速冲一下，番茄切成片，生菜撕成两半。

2 将 3 个面包均衡切两半，加入鸡胸肉片，撒上黑胡椒粉，加入番茄、生菜即可。

凉拌黄瓜

材料

黄瓜 2 根。

调料

盐、醋、香辣豆瓣酱、香油各适量。

做法

1 黄瓜洗净，切去两头，拍散，切段，放入盘中。

2 加入盐、香辣豆瓣酱、醋、香油搅拌均匀即可。

推荐套餐 2

手撕饼
牛奶蒸蛋羹
菠萝鸡丁
核桃紫米粥

推荐套餐 3

栗子焖饭
番茄鸡蛋汤
卤猪肝
香蕉

推荐套餐 4

花卷
蒜薹炒肉
凉拌西蓝花
茶鸡蛋
酸奶

西瓜
凉拌黄瓜
牛奶
煮鸡蛋
鸡肉三明治

腊肠年糕套餐

牛奶腰果豆浆

腊肠年糕

拌心里美萝卜

葡萄

在这顿早餐中，葡萄、腰果可以保护视力、减少眼部充血，使眼部疲劳得到充分缓解；心里美萝卜可消炎止咳，帮助体内废物排出，增加孩子的免疫力；年糕可以补脾暖胃。孩子吃了这顿早餐，全天可以精神满满。

头天准备

将黄豆洗净，用清水浸泡一晚

早上时间安排

腰果切碎后煮豆浆

同时

腊肠、青椒、胡萝卜切片，心里美切丝

炒软年糕

将年糕、腊肠片、青椒片、胡萝卜片炒熟

心里美加调料拌匀

牛奶腰果豆浆

准备时间 3分钟

烹调时间 20分钟

材料

黄豆50克，腰果30克，牛奶100毫升。

做法

1 头天将黄豆清洗干净，浸泡一晚；腰果切碎。
2 将上述食材倒入全自动豆浆机中，加水至上下水位线之间，按下“豆浆”键，煮至豆浆机提示豆浆做好，晾至温热后淋入牛奶搅拌均匀即可。

腊肠年糕

准备时间 2分钟

烹调时间 9分钟

材料

腊肠150克，年糕片250克，青椒100克，胡萝卜50克。

调料

葱段20克，盐、植物油各适量。

做法

1 腊肠切片；青椒洗净，去蒂及子，切片；胡萝卜洗净，切片。
2 锅内倒油烧热，爆香葱段，放年糕，加少许水，炒软年糕。
3 放腊肠片、青椒片、胡萝卜片，炒至熟透，加盐调味即可。

推荐套餐2
燕麦大米豆浆
烧饼
蒜蓉空心菜
香蕉

推荐套餐3
黑红绿豆浆
生煎包
西芹百合
苹果

推荐套餐4
三鲜馄饨
菠菜炒豆腐干
橘子

牛奶腰果豆浆
葡萄
拌心里美萝卜
腊肠年糕

备战考试，旗开必得胜

早餐要吃好

早餐要吃好，相对吃饱，基本原则是清淡、易消化。早餐能量和各种营养素的供给量应占全天供给量的30%左右，如果早餐吃不好，不但上午考试没精神，还极易造成午餐吃得过饱，进而影响到下午的考试。

早餐碳水化合物要充足，蛋白质与脂肪要适量

碳水化合物能够稳定地为大脑活动提供能量，对大脑活动尤其是考试的效率非常重要。蛋白质与脂肪摄入量要适当，因为过多的蛋白质与脂肪会增加肠胃负担，使本该供应到大脑中的血液更多地聚集到肠胃，从而影响大脑的工作效率。

早餐要食用一定量的蔬果

保证维生素和矿物质的供给对大脑的高效工作有很大帮助，蔬菜和水果是维生素和矿物质的重要来源，因此早餐应该食用一定比例的蔬果。

注重早餐中酸碱食物的比例

正常情况下，人体内血液的酸碱度是相对固定的，一般 pH 保持在 7.3~7.4 的弱碱性，只有在这样的酸碱度下大脑和体力才能保持最佳状态，才能保持较好的注意力和记忆状态。因此，早餐应注意酸碱食物的比例，总体保持食物的弱碱性。

早餐要选择使大脑活跃的食物

乙酰胆碱、多巴胺、去甲肾上腺素能够使大脑活跃，因此生成它们的前体物质都能够使大脑处于活跃状态。它们是胆碱、酪氨酸、维生素 B_6 和铁。因此早餐中要优先选择富含这些物质的食物。

张大夫悄悄话

晚餐也要适量

经过一天的紧张考试，孩子体内大量的营养成分被消耗，大脑处于明显疲劳状态，需要摄取一定量的营养成分，使大脑从疲劳状态恢复过来，为第二天的考试进行能量储备。但由于充分睡眠是考生晚上重要的任务，晚餐不能吃得太饱，并且要清淡、易消化。

早餐时间安排很重要

应把握好用餐时间及食物在胃内的消化时间，因为要充分考虑到考生在考试期间不过饱、不饿、不渴、不产生便意。建议早餐在 7 点至 8 点。午餐安排在中午 12 点至 13 点半。晚餐不要晚于 20 点，要吃一些易消化、安神的食物。

这就需要了解食物的消化时间，下面介绍几类食物胃排空时间，家长可适当参考。

水果：30 分钟 ~1 小时
瓜类水果（如西瓜）所需要的消化时间最短，而香蕉所耗费的时间最长。

谷类：1.5~3 小时
流质或半流质的谷物食品（如粥）消化时间较短，经过发酵且没有添加油脂的食物（如馒头、不含油脂的面包），也比较容易消化。它们在体内的消化率最高，可达到 98%。因此，对于胃肠较弱的考生，粥、馒头等是不错的选择。

脂肪类：2~4 小时
脂肪的消化率与其低级脂肪酸及不饱和脂肪酸的含量有关，这些脂肪酸含量越高，越易消化。因此植物油比动物油更易消化。脂肪与谷物或蛋白类食物共同摄入会延长后者的消化时间。

蔬菜：45 分钟 ~2 小时
瓜类蔬菜（如冬瓜）所耗时间最短，其次为茄果类蔬菜（如番茄、茄子），之后是叶类蔬菜（如菠菜、小白菜）和十字花科类蔬菜（如西兰花），消化时间最长的是根茎类蔬菜（如红薯、芋头）。

蛋白质类：1.5~4 小时
牛奶、豆浆等流质蛋白质食品比较容易消化，而要将牛肉、鸡肉等蛋白质丰富的肉类完全消化，则需要 4 小时或更长时间。

当然，胃内的食物一般都是混合食物，混合食物一般胃排空时间为 4~5 小时。所以考试期间，让孩子多吃些蛋白质含量较高、消化时间稍长的蔬果为好，清淡营养，忌食辛辣。

鲜肉包套餐

鲜肉包
蔬菜沙拉
鲜牛奶
煮鸡蛋

牛奶、鸡蛋和鲜肉为孩子提供了优质的蛋白质以及各种维生素和矿物质，尤其是蛋黄里的卵磷脂是益智健脑的上佳食品。蔬菜沙拉里包含了多种蔬菜，所含维生素十分丰富，蔬菜又是碱性食物，有利于孩子体内保持弱碱性状态。

头天准备

清洗相关食材，沥水后放冰箱保鲜

拌好馅料，放冰箱冷藏

和面醒发

早上时间安排

做鲜肉包

同时

处理食材

煮鸡蛋

热牛奶

拌蔬菜沙拉

鲜肉包

材料

面粉 300 克，猪肉 150 克。

调料

干酵母 3 克，葱 15 克，姜 5 克，盐、老抽、白糖、胡椒粉各适量。

做法

1 葱、姜切碎，加水 100 毫升，拌匀。
2 葱姜水分次加入肉馅中，再倒入其他调料和 5 克葱末，拌匀后放冰箱冷藏。
3 和面，发酵。
4 面团分成 12 个小剂子，按平，包入猪肉馅。
5 包子放在涂过油的蒸笼上，醒 10 分钟。
6 冷水上锅，蒸 18 分钟，关火后 2 分钟开盖。

蔬菜沙拉

材料

黄瓜 2 根，花叶生菜 150 克，圣女果 12 个。

调料

白砂糖、红酒醋、橄榄油、洋葱碎、盐、鲜百里香叶碎、黑胡椒粒各适量。

做法

1 生菜洗净，沥水，撕小片；黄瓜洗净削皮，斜切成片；圣女果洗净，对半切开。所有蔬菜放在沙拉盆中。
2 黑胡椒粒、鲜百里香叶碎、洋葱碎、橄榄油、红酒醋、盐、白砂糖调成油醋汁。
3 将油醋汁淋于蔬菜上，略加搅拌后装盘即可。

鲜肉包

鲜牛奶

煮鸡蛋

蔬菜沙拉

松子玉米虾仁蛋饼套餐

牛奶燕麦粥

松子玉米虾仁蛋饼

西芹百合

橙子

这份早餐既有易消化的牛奶、玉米、蔬果，也有消化时间较长的动物蛋白质，足够维持4~5小时的能量需求。总体上清淡、无辛辣刺激，很适合作为考试期间的早餐。

- **早上时间安排**

煮牛奶燕麦粥

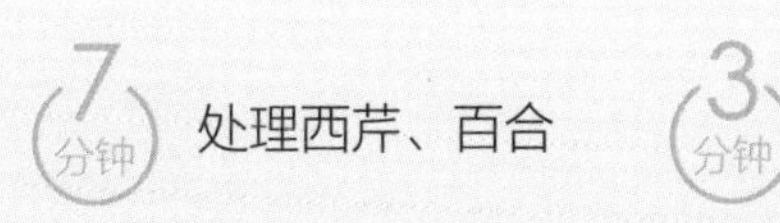

处理西芹、百合

烧水

炒熟西芹和百合

做松子玉米虾仁蛋饼

牛奶燕麦粥

准备时间 10 分钟

烹调时间 2 分钟

材料

牛奶 1 袋（约 250 毫升），燕麦片 50 克。

调料

白糖 10 克。

做法

1 燕麦片放清水中浸泡 10 分钟。

2 锅置火上，倒入适量清水，大火烧开，加燕麦片煮熟，关火，再加入牛奶拌匀，最后调入白糖拌匀即可。

松子玉米虾仁蛋饼

准备时间 10 分钟

烹调时间 7 分钟

材料

松子仁 70 克，熟玉米粒 100 克，虾仁丁 75 克，鸡蛋 2 个，面粉 250 克。

调料

盐、植物油各适量。

做法

1 鸡蛋磕开，打散；将松子仁、玉米粒、虾仁、面粉、盐、蛋液加水搅成糊。

2 电饼铛放油烧热，舀入松子玉米糊摊匀，煎至两面熟，切菱形小块即可。

推荐套餐 2

小米红枣粥
三明治
翡翠金针菇
樱桃

推荐套餐 3

山楂红枣莲子粥
莴笋炒胡萝卜
金银馒头
苹果

推荐套餐 4

莲藕雪梨豆浆
吐司面包
拍黄瓜
红枣

橙子
西芹百合
牛奶燕麦粥
松子玉米虾仁蛋饼

近视眼　补充类胡萝卜素

避免过量吃甜食

甜食中的糖分在人体内代谢时需要大量的维生素 B_1，如果孩子摄入过多的糖分，体内的维生素 B_1 就会相对不足。如果孩子患有近视，应该尽量少吃甜食，可以多吃些白萝卜、胡萝卜、黄瓜、豆芽、青菜、糙米和芝麻等对视力有好处的食物。

少吃辣味食物

辣味食物容易让身体上火，孩子过多地摄入辣味食物可能会使眼睛有烧灼感，眼球血管充血，还容易发生结膜炎、视力减退等。

食物品种要多样，避免挑食与偏食

孩子挑食和偏食会造成营养不均衡，一旦身体缺乏某些营养素，就可能影响眼睛的正常功能，造成视力减退。在安排日常膳食时，要根据孩子的实际情况全面合理地安排膳食，做到荤素合理搭配、粗细结合。特别是粗粮中含有较多的营养素，对孩子的眼睛有很好的保健作用。

增加一些硬质食物的摄取

软食会降低人的咀嚼功能，而咀嚼对孩子眼部肌肉的运动有很好的辅助作用，多嚼一些胡萝卜、水果、坚果等硬质食物，能够充分活动眼部肌肉，提高眼睛的自我调节能力。

保证摄入充足的蛋白质

适当增加鱼、肉、蛋、奶等蛋白质食物的供应，含有蛋白质的食物对孩子视力的正常调节十分有益，保证蛋白质的供应有利于维护眼睛的正常功能。

保证充足的维生素摄取

叶黄素对视网膜黄斑有保护作用，如果孩子身体缺乏叶黄素，会导致视力减退。富含叶黄素的食物有新鲜的绿色蔬菜和柑橘等。

维生素 A 能防止角膜干燥和退化，消除眼睛疲劳，对预防孩子视力减退效果显著。富含维生素 A 的食物有动物肝脏、鱼肝油、蛋类等。

维生素 B_1 能够为视神经提供丰富的营养。富含维生素 B_1 的食物有米面、杂粮、豆制品、动物内脏和瘦肉等。

按揉睛明穴能疏调眼部气血

按揉睛明穴

精准定位：鼻梁旁与内眼角的中点凹陷处即是睛明穴。

按摩方法：用拇指指尖点按睛明穴，按时吸气，松时呼气，共36次，然后轻揉 36 次，每次停留 2 ~ 3 秒。

取穴原理：按揉睛明穴有疏调眼部气血的作用，可保护视力，预防孩子近视。

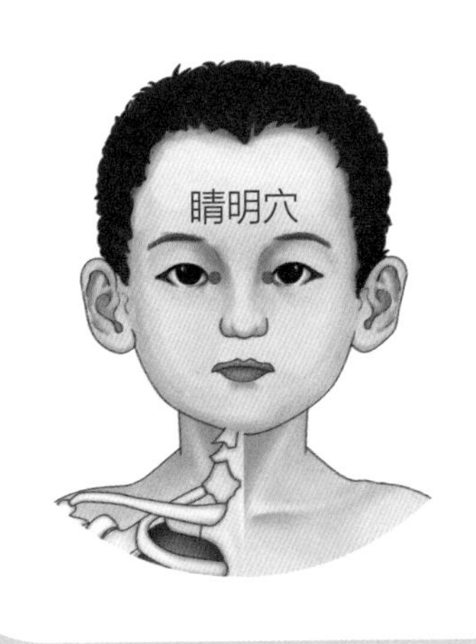

香菇胡萝卜面套餐

香菇胡萝卜面

南瓜豆浆

苹果

胡萝卜、南瓜均富含胡萝卜素，可在体内转变成维生素 A；豆浆可补充维生素 A 和钙；苹果补充维生素 C。这几种营养素均对孩子的视力有保护作用。

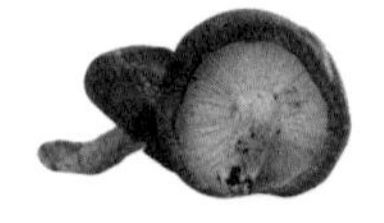

头天准备

清洗处理食材，沥水后放入冰箱保鲜

清洗黄豆，将黄豆放入豆浆机中，加适量清水，浸泡一夜

早上时间安排

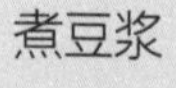

同时

将菜心、香菇、胡萝卜、苹果用水冲一下

处理食材

煮面

香菇胡萝卜面

材料

面条100克，香菇、胡萝卜各20克，菜心100克。

调料

蒜片、盐、植物油各适量。

烹调时间
15分钟

做法

1 菜心洗净，切段；香菇、胡萝卜洗净，切片。
2 热锅下油，爆香蒜片，放入胡萝卜、香菇、菜心略炒，加清水大火烧开。
3 将面条放入锅中煮熟，加盐调味即可。

南瓜豆浆

材料

南瓜、黄豆各100克。

调料

冰糖适量。

做法

1 头天晚上将南瓜外皮洗净，保留皮、籽，切小丁，备用。
2 头天晚上将黄豆洗净，放入豆浆机中，加适量清水浸泡一夜。
3 将南瓜小丁放入豆浆机中，根据口味加入适量冰糖。
4 连接电源，选择“豆浆”键，煮制豆浆熟透后过滤即可。

推荐套餐2
紫菜鸡蛋馄饨
黄瓜条蘸酱
豆奶
猕猴桃

推荐套餐3
紫薯包
牛奶蒸蛋
豆浆
橘子

推荐套餐4
鸡蛋煎馒头片
凉拌菠菜芥蓝
八宝粥
香蕉

南瓜豆浆

苹果

香菇胡萝卜面

鸡肝小米粥套餐

鸡肝小米粥

肉酱夹馒头

回锅胡萝卜

橘子

孩子面对繁重的学习，加上接触各种各样的电子产品，眼睛经常处于疲劳状态，进而导致视力减退。如果不加注意，很容易出现近视，这时除了平时注意用眼外，可以吃些有助于保护视力的食物，缓解眼睛的疲劳感。

头天准备

头天买好馒头，放冰箱中备用

早上时间安排

做鸡肝小米粥

同时

焯烫胡萝卜块

炒熟胡萝卜和青蒜

将馒头一剖为二，放微波炉中微热

馒头中间加肉酱

回锅胡萝卜分为两步：焯烫＋炒熟胡萝卜

鸡肝小米粥

烹调时间
20 分钟

材料

小米 100 克，鸡肝 50 克。

调料

葱末 5 克，盐 3 克，胡椒粉适量。

做法

1 鸡肝洗净，切条；小米淘洗干净。

2 锅置火上，倒入适量清水烧开，接着放入小米煮 15 分钟，加入鸡肝条熬煮至黏稠，加葱末、胡椒粉、盐调味即可。

肉酱夹馒头

准备时间
1 分钟

烹调时间
3 分钟

材料

馒头 3 个，肉酱适量。

做法

1 把从冰箱里取出的馒头切片，装入微波炉专用盘中，送进微波炉，用高火加热 30 秒，取出。

2 取一片涂抹上肉酱，取另一馒头片盖上食用即可。

推荐套餐 2

小米红枣粥
三明治
翡翠金针菇
樱桃

推荐套餐 3

山楂红枣莲子粥
莴笋炒胡萝卜
金银馒头
苹果

推荐套餐 4

莲藕雪梨豆浆
吐司面包
拍黄瓜
红枣

橘子
肉酱夹馒头
回锅胡萝卜
鸡肝小米粥

感冒　补充水分和维生素 C

扫一扫，看视频

风寒、风热感冒的饮食

风寒感冒：多吃可以促进出汗、散寒疏风的食物，可以多喝点姜糖水，忌寒凉食物。

风热感冒：多吃辛凉解表的食物，忌吃油腻肥厚、辛热的食物。

多喝开水和流质食物

感冒的孩子经常发热、出汗，体内的水分流失较多。大量饮水有利于增进血液循环，加速体内代谢废物的排泄。此外，在饮食上可以多吃流质食物，如汤、粥、果蔬汁等，既好消化又能促进排尿，减少体内病毒。

维生素 C 能有效抗感冒

维生素 C 是一种抗氧化剂，可以破坏病毒的核酸成分，抑制病毒对机体细胞的伤害。而且，维生素 C 具有抗菌作用，可增加白细胞的数量及活性，增强免疫功能，对抗自由基对人体组织的破坏，协助减轻感冒症状。补充维生素 C 可以直接吃柠檬、橘子、橙子、猕猴桃等水果，也可以将这些水果打成果汁饮用。

多喝酸性果汁如山楂汁、猕猴桃汁、红枣汁、鲜橙汁、西瓜汁等以促进胃液分泌，增进食欲

多吃蔬菜、水果

蔬菜、水果不仅能促进孩子的食欲，帮助孩子消化，补充孩子身体所需的维生素和各种矿物质，还能对抗感冒。

高热量食物提高抗病能力

可选择热量较高的主食，并注意补充足够的蛋白质。饮食除米、面、杂粮之外，可适当增加一些豆类、乳制品等。

饮食禁忌

患感冒的孩子不能吃咸食，如咸菜、咸鱼等；也不能吃甜腻、油腻、辛热的食物；烧、烤、煎、炸等食物也不要吃，因为其气味会刺激呼吸道和消化道，导致病情加重。

按压风池穴能清热疏风

按压风池穴

精准定位：枕外隆突下，胸锁乳突肌与斜方肌之间的凹陷处，左右各一穴。

推拿方法：用拇指指端和食指指端相对用力按压孩子风池穴10次。

取穴原理：按压风池穴可以平肝熄风、祛风散毒。主治外感风寒、鼻窍不通等。

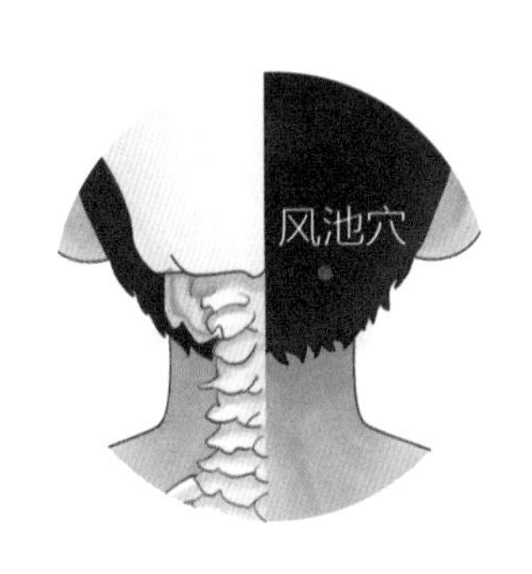

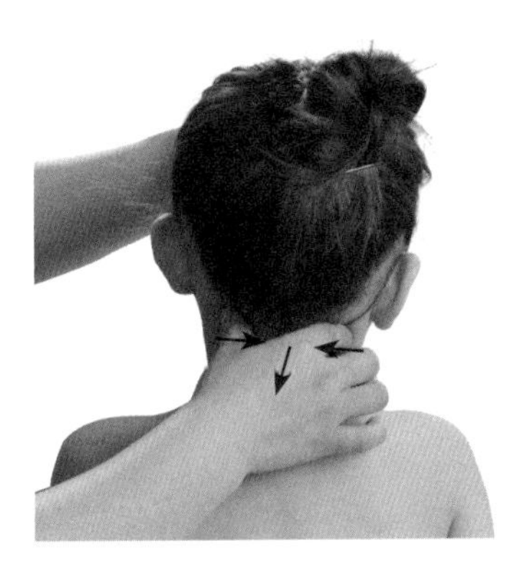

猕猴桃泥套餐

- 蒜拌苋菜
- 猕猴桃泥
- 番茄蒸蛋
- 葱香花卷

苋菜能清热解毒、利咽消肿，加上有抗菌、抗病毒功效的大蒜一起调拌，抗感冒效果更佳。猕猴桃具有提高免疫力、解热止渴的作用。番茄富含类胡萝卜素、维生素 C 和叶酸，能帮助感冒的孩子补充营养。大葱可杀菌、发汗、利尿。此套餐清淡、营养丰富，有利于孩子感冒的康复。

头天准备

清洗食材，沥水后放冰箱保鲜

做葱香花卷，参见第 30 页

早上时间安排

做番茄蒸蛋

热葱香花卷

处理食材

苋菜焯水

猕猴桃泥

蒜拌苋菜

蒜拌苋菜

准备时间 6分钟

烹调时间 2分钟

材料

苋菜 200 克。

调料

醋 8 毫升，蒜末 6 克，酱油 5 克，白糖 3 克，芝麻油 3 毫升，盐 2 克。

做法

1 苋菜洗净后焯水，之后晾凉备用；大蒜切碎。

2 将芝麻油、醋、酱油、白糖、盐和蒜末一起放入碗中拌匀料汁，最后将汁倒入苋菜，拌匀即可。

猕猴桃泥

准备时间 3分钟

烹调时间 2分钟

材料

猕猴桃 3 个。

调料

白糖适量。

做法

1 将猕猴桃清洗干净，剥掉皮，取出果肉，切成小块。

2 猕猴桃块倒入料理机中，加白糖调味，打成果泥即可。

推荐套餐2：蒜香海带、卡通三明治、樱桃酸奶饮

推荐套餐3：三色萝卜丝、奶香小布利、香橙胡萝卜汁

推荐套餐4：凉拌木耳、绿豆煎饼、香芹洋葱蛋黄汤、西瓜

葱香花卷

猕猴桃泥

蒜拌苋菜

番茄蒸蛋

照烧香菇豆腐套餐

蔬菜金银米饭

照烧香菇豆腐

芝麻鸡丝拌粉皮

猕猴桃

孩子学习任务繁重，活动量少，换季时节很容易出现身体免疫力下降，所以家长为孩子准备一顿可以预防感冒的早餐很有必要。吃些蔬菜、香菇、鸡肉、猕猴桃等具有预防感冒作用的食材，既可以帮助孩子预防感冒， 还可以为孩子提供丰富的营养。

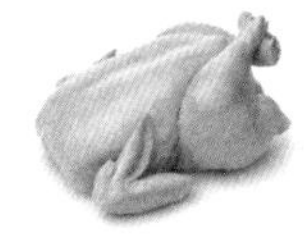

头天准备

做好照烧酱，以1 ：2 ：1的比例取蜂蜜、生抽、料酒，放入碗中，搅拌均匀，再放入少许叉烧酱搅匀即可

早上时间安排

将鸡腿肉煮熟

同时

处理芥蓝叶、鲜香菇、豆腐

制作照烧香菇豆腐

制作芝麻鸡丝拌粉皮

处理胡萝卜、黄瓜、粉皮

制作蔬菜金银米饭

照烧香菇豆腐

烹调时间
7分钟

材料

北豆腐250克，鲜香菇150克，照烧酱30克。

调料

姜末5克，植物油适量。

做法

1 豆腐切成长方形的片；香菇洗净，去蒂。

2 锅置火上，倒入油，烧热，放入豆腐以小火煎至金黄盛出；放入香菇，以小火煎干水分。

3 将豆腐、姜末再次放入锅中，倒入照烧酱，以小火炖至汤汁变稠即可。

芝麻鸡丝拌粉皮

准备时间
23分钟

烹调时间
1分钟

材料

鸡腿肉80克，鲜粉皮150克，黄瓜、胡萝卜各50克，熟花生碎15克，芝麻酱30克。

做法

1 胡萝卜、黄瓜分别洗净，切丝；粉皮切成长片，装盘。

2 锅置火上，加入冷水，放入鸡腿肉煮熟后捞出；晾凉后，撕成小条。

3 将鸡肉条、黄瓜丝、胡萝卜丝放在粉皮上，再将芝麻凉拌酱淋在上面，最后撒上花生碎即可。

推荐套餐2
绿豆大米粥
馒头
香菇油菜
猕猴桃

推荐套餐3
番茄汁虾肉饭
虾皮黄瓜汤
苹果

推荐套餐4
吐司面包
西蓝花豆浆
煎蛋
橘子

蔬菜金银米饭
猕猴桃
芝麻鸡丝拌粉皮
照烧香菇豆腐

水痘　维生素 C、维生素 E 尽快补

水痘症状

水痘通常在发热一天后出现，一般先见于躯干及头部，然后逐渐蔓延至面部与四肢。水痘以胸、背、腹部为多，面部、四肢较少。初期为小红点，很快变为高出皮面的丘疹，再变成绿豆大小的水疱，水疱壁较薄且容易破，周围有红晕，疱液为清水样，以后变浑浊，水疱破后结痂。

预防水痘要点

好的习惯配合良好的饮食，可以帮助水痘更快地恢复。

1 勤给孩子洗手。

2 避免带孩子去人多的地方。

3 日常饮食增加富含维生素 C 的食物，提高孩子免疫力。

4 平时让孩子多锻炼身体，提高抗病能力。

5 接种疫苗是最有效的预防措施。

饮食原则

1 鼓励孩子多喝水。

2 孩子的饮食要易消化和营养丰富，半流食或软食较好。

3 在孩子的饮食中适当增加麦芽和豆类制品。

4 增加孩子水果汁的摄入量，柑橘类为佳。

5 吃些清热、除烦、解毒的食物，如马蹄、梨、火龙果、椰子、莲藕、荸荠、绿豆等。

6 多食富含膳食纤维的食物。富含膳食纤维的食物能够促进胃肠蠕动，促进大便排出，也能保证毒素的排出，保持皮肤的健康。富含膳食纤维的食物有粗粮、蘑菇、水果等。

7 适当多食富含维生素 E 的食物。维生素 E 能改善皮肤的血液循环，可增强皮肤的营养，孩子适当多吃富含维生素 E 的食物，有助于患处皮肤的恢复。此外，维生素 E 是脂溶性，溶于油，对干燥的皮肤还有一定的滋润保护作用。

控制甜食

奶油、巧克力等甜食中含有较多的糖，经常食用可加快皮脂分泌，加重皮肤的油性，恶化水痘。家长一定要让孩子减少甜食的摄入，保持均衡的饮食，保证身体的正常新陈代谢。

避免食用刺激性或油腻的食物

刺激性食物或油腻食物会促进皮肤毛细血管扩张，加速皮脂腺分泌，从而造成毛孔堵塞，加重水痘的症状。

为了减少皮脂腺分泌，要让孩子坚持清淡且有营养的饮食。多吃蔬菜水果，减少辣椒、大鱼大肉的摄取，避免这些食物对皮肤造成损害。

荸荠豆腐套餐

清炒笋尖

荸荠豆腐

薄荷豆饮

黑米面馒头

橙子

薄荷豆饮具有清热、解毒、利湿的功效，对孩子的水痘有较好的治疗效果。荸荠可清热、除烦、解毒。清炒笋尖清淡可口。橙子补充维生素C。

头天准备

蒸黑米面馒头

清洗食材，沥水后放入冰箱保鲜

温水浸泡绿豆、赤豆、黑豆

早上时间安排

处理食材

浸泡葱丝、姜丝

煮薄荷豆饮

蒸荸荠豆腐、热馒头

清炒笋尖

薄荷豆饮

烹调时间
15 分钟

材料

绿豆、赤豆、黑豆各 10 克，薄荷 5 克。

调料

白糖适量。

做法

1 将绿豆、赤豆、黑豆清洗干净，用温水浸泡 1 小时。

2 豆子和薄荷放入电饭锅中一同煮熟。

3 饮用前加少量白糖即可。

荸荠豆腐

准备时间
15 分钟

材料

豆腐 320 克，荸荠 50 克，虾仁 15 克，胡萝卜 10 克。

调料

小葱、姜、酱油、香油、盐各适量。

做法

1 葱、姜丝放入半匙水中浸泡 10 分钟，沥出留汁；胡萝卜切末，煮熟；虾仁去泥肠；荸荠洗净。

2 胡萝卜、虾仁、荸荠加盐、香油、葱姜汁，一起剁泥。

3 豆腐切片，放盘中；取胡萝卜虾仁泥放在每片豆腐上；浇上酱油，放入蒸锅中蒸熟即可。

推荐套餐 2
香菇油菜
柠檬薏米水
馒头
柚子

推荐套餐 3
芦笋炒虾仁
菊花豆浆
川贝炖雪梨
米饭

推荐套餐 4
干贝芦笋
胡萝卜苹果芹菜汁
花卷

橙子
黑米面馒头
薄荷豆饮
荸荠豆腐
清炒笋尖

薄荷绿豆浆套餐

薄荷绿豆浆

京味糊塌子

大拌菜

橘子

糊塌子清淡软嫩，其中含有的食材西葫芦有清热、润肤的功效，可辅助治疗疮毒等症，孩子常食，有利于提高抗病毒能力。薄荷绿豆浆有清热解毒、消炎抗菌的作用。大拌菜、橘子，含有丰富的膳食纤维、维生素、矿物质，可促进新陈代谢并及时补充营养物质。

头天准备

黄豆、绿豆洗净放入豆浆机中浸泡一晚

早上时间安排

煮豆浆

同时

浸泡虾皮

将大拌菜的蔬菜放进盘中，拌匀

清洗西葫芦，切丝

用面粉、水、鸡蛋、虾皮、盐、西葫芦丝做面糊，煎至两面金黄

京味糊塌子

准备时间 10 分钟

烹调时间 5 分钟

材料

面粉 200 克，鸡蛋 1 个，西葫芦 300 克，虾皮 50 克。

调料

植物油适量。

做法

1 西葫芦洗净，切丝；虾皮用温水浸泡 10 分钟，洗净，捞出备用。
2 取盆加入面粉、水、鸡蛋、虾皮、西葫芦丝搅拌成糊状。
3 平底锅加油烧热，加 1 勺面糊，转动锅使面糊煎至金黄，再换面煎金黄即可。

大拌菜

准备时间 5 分钟

烹调时间 2 分钟

材料

紫甘蓝丝 100 克，生菜片、红彩椒片、黄彩椒片、苦菊、熟花生仁、圣女果各 30 克。

调料

生抽、醋各 5 毫升，白糖 5 克，盐 3 克。

做法

1 将紫甘蓝、红彩椒、黄彩椒、生菜片、苦菊、熟花生仁、圣女果放入盘中。
2 加白糖、醋、生抽、盐，拌匀即可。

推荐套餐 2

薏米雪梨粥
葱油花卷
糖醋白菜
橘子

推荐套餐 3

荸荠绿豆粥
烧饼
竹荪木耳汤
橙子

推荐套餐 4

红豆薏米糊
黄瓜蛋汤
煎蛋
橘子

橘子
京味糊塌子
薄荷绿豆浆
大拌菜

食欲缺乏　B 族维生素搭配锌

食欲缺乏的原因

孩子缺乏食欲的原因有很多，主要有以下几个方面。

1 饮食方面：平时爱吃零食，觉得吃饭没有滋味。

2 缺少某些营养素，导致肠胃蠕动变慢，消化食物的时间延长。

3 前后两次进餐时间安排得过近。

4 吃饭时暴饮暴食，不细细咀嚼等。

少吃零食

零食的营养价值低，很多孩子因为贪吃零食而不爱吃正餐，甚至导致营养不良，所以应该少给孩子吃零食，尤其是饭前 1 小时最好不吃。

饭前不食甜食

饭前最好不要给孩子吃过甜的食物，如葡萄、香蕉、荔枝等，这些食物含糖较高，可能降低食欲。可用山楂、话梅、陈皮等刺激食欲；在水果方面，草莓、橙子有一定开胃效果。

张大夫悄悄话

增加孩子体育运动的时间

很多家长往往只注意孩子的学习，忽略了运动对孩子身体的重要意义。经常参加体育运动除了能强健身体，还能培养孩子积极的心态，对增强食欲也有助益。

加餐的必要性

虽然不建议给孩子吃零食，但给孩子加餐是必要的。因为孩子的活动量大，常常没到吃饭时间能量就消耗掉大部分，影响接下来的活动。所以，为了防止孩子处于饥饿状态，必须加餐。

加餐应该选择营养丰富的食物，如牛奶、豆浆、全麦面包等。

此外，如果孩子在上一次正餐时没有吃蔬菜，那么就选择蔬菜作为加餐；如果没有吃肉类，那么肉类就是首选。

摩脐消积滞助消化

精准定位：肚脐正中。
推拿方法：四指并拢，放置在孩子肚脐上，轻柔和缓地顺时针方向摩动，直到出现热感。
取穴原理：摩脐有温阳散寒、补益气血、健脾和胃、消积食助消化的功效。

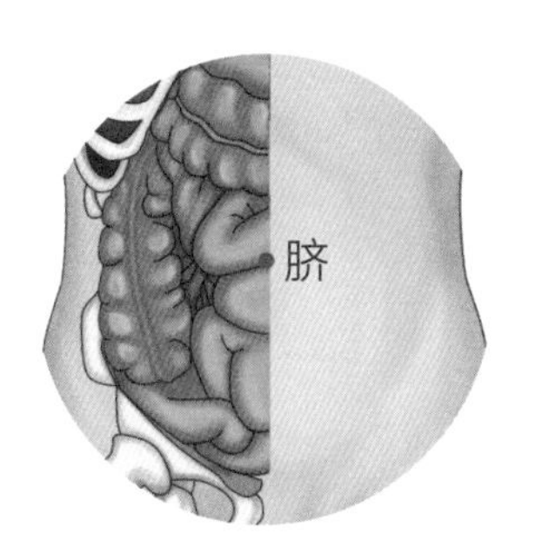

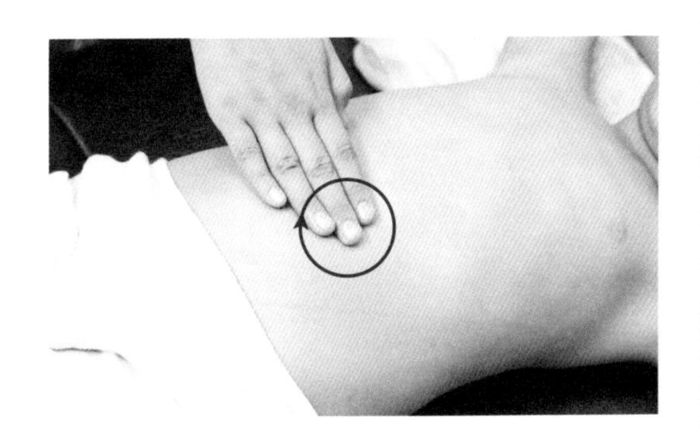

揉中脘改善食欲缺乏

精准定位：肚脐正上4寸处。
推拿方法：用掌根或者全掌按照顺时针方向揉孩子中脘穴3~5分钟。
取穴原理：揉中脘穴可辅治孩子食欲缺乏、腹胀、呕吐、泄泻、腹痛等。

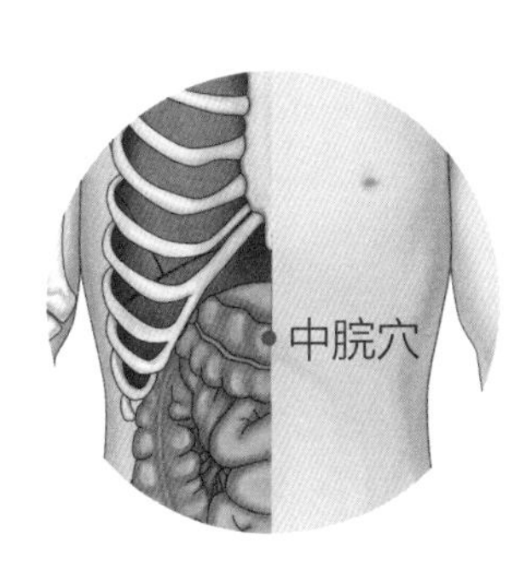

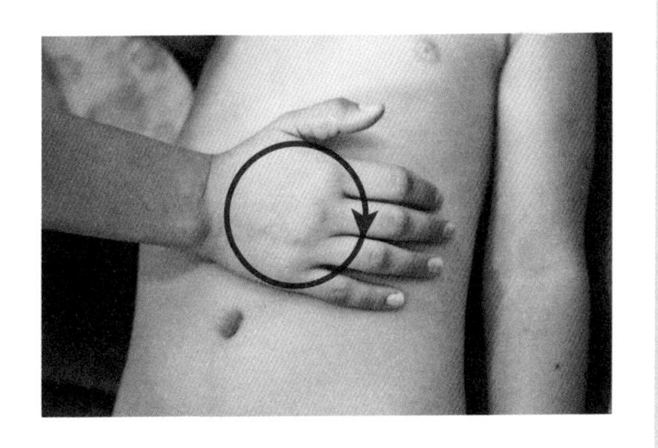

银鱼蛋饼套餐

银鱼蛋饼

冰汁番茄

杏仁豆浆

橘子

银鱼蛋饼软嫩可口，配上番茄沙司能够很好地起到开胃促食的作用；番茄搭配蛋清、冰糖，爽滑可口，可刺激食欲。

头天准备

头天晚上将黄豆洗净，放入豆浆机中加水浸泡一晚

早上时间安排

杏仁压碎，放入豆浆机中，煮豆浆

同时

鸡蛋打散

搅打面糊

处理番茄

5 分钟 熬糖汁

煎面糊

糖汁放番茄上

银鱼蛋饼

烹调时间
8 分钟

材料

鸡蛋 2 个，牛奶 150 毫升，面粉 70 克，小葱碎 10 克，新鲜小银鱼 90 克，植物油适量。

调料

盐、胡椒粉、番茄沙司、植物油各适量。

做法

1 鸡蛋打散，和牛奶、面粉、小葱碎搅匀。
2 小银鱼洗净，倒入面糊中，放盐和胡椒粉搅匀。
3 不粘锅烧热，淋入油，倒入调好的面糊摊开，煎至两面呈金黄色，取出切块，配上番茄沙司即可。

冰汁番茄

准备时间
2 分钟

烹调时间
6 分钟

材料

番茄 400 克，鸡蛋（取蛋清）1 个。

调料

冰糖 20 克。

做法

1 番茄洗净，去皮，切瓣；鸡蛋取蛋清打散。
2 锅内放清水，将冰糖熬化，加蛋清，去浮沫，糖汁收浓后，离火。
3 稍凉后浇在番茄瓣上即可。

推荐套餐 2
煎蛋三明治
番茄浓汤
猕猴桃果粒酸奶
苹果

推荐套餐 3
虾皮紫菜豆浆
铜锣烧
鸡蛋炒洋葱
香蕉

推荐套餐 4
牛奶芝麻豆浆
芹菜饼
醋熘土豆丝
橘子

杏仁豆浆
橘子
冰汁番茄
银鱼蛋饼

蒜蓉蒸丝瓜套餐

蒜蓉蒸丝瓜

蒸蛋羹

红糖苹果山楂泥

馒头

山楂所含的解脂酶可增加胃液分泌，促进脂肪类食物的消化。苹果具有排毒、助消化的作用。蒜蓉蒸丝瓜可增进孩子食欲。

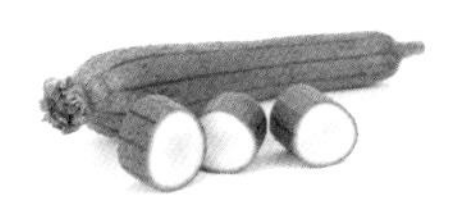    

头天准备

5分钟 清洗食材，沥水后放入冰箱保鲜

40分钟 蒸馒头，做法参考 29 页“刀切馒头”，不用刀切剂子，揉成圆形，上锅蒸熟即可

早上时间安排

蒸蛋羹

10分钟

10分钟 蒜蓉蒸丝瓜

12分钟 制作红糖苹果山楂泥

红糖苹果山楂泥

烹调时间 8 分钟

材料

新鲜苹果、山楂各 25 克。

调料

红糖适量。

做法

1 将苹果用清水洗干净，削皮、切片；山楂洗净，去核，切碎。
2 锅内放适量水，将苹果片和山楂碎放在碗内，入锅，隔水蒸烂。
3 取出碗，加入红糖，与苹果片、山楂碎一起搅拌成泥状即可。

蒜蓉蒸丝瓜

准备时间 3 分钟

烹调时间 7 分钟

材料

丝瓜 300 克，生菜 50 克，红甜椒适量。

调料

蒜、糖、盐、植物油各适量。

做法

1 生菜择洗干净；蒜剁成泥；红甜椒切末。
2 丝瓜削皮，切段，顶端中间挖浅坑。
3 锅中热油，煸炒蒜蓉，加盐、糖，炒香后盛出。
4 蒜蓉放到丝瓜的浅坑里；盘底铺生菜，放丝瓜段。
5 开水入锅，隔水蒸 6 分钟后取出。
6 红甜椒末煸炒出香味，热油倒在蒸好的丝瓜上即可。

推荐套餐2
奶油鳕鱼羹
炒米煮粥
水煎包
草莓

推荐套餐3
西芹百合
银耳榴露
玉米粒饭
橘子

推荐套餐4
三鲜拌春笋
小米汤
鸡蛋煎饼
猕猴桃

蒸蛋羹
馒头
蒜蓉蒸丝瓜
红糖苹果山楂泥

肥胖　膳食纤维效果好

肥胖症状

肥胖的孩子常有疲劳感，用力时气短或腿痛。严重肥胖者由于脂肪的过度堆积限制了胸扩展和膈肌运动，使肺换气量减少，造成缺氧、气急、发绀、红细胞增多，心脏扩大或出现充血性心力衰竭甚至死亡。

饮食原则

根据孩子的年龄段制定节食食谱，限制能量摄入，同时要保证生长发育需要，食物多样化，维生素、膳食纤维要充足。

1 多吃粗粮、蔬菜、豆类等富含膳食纤维的食物，可以帮助孩子消化，减少代谢废物在孩子体内的堆积，预防肥胖。

2 食物宜采用蒸、煮或凉拌的方式烹调。

3 可以给孩子安排几餐量少且不含糖和淀粉的零食，这样的食物不仅可以减轻孩子的体重，还有助于保持孩子的血糖，同时还能预防过量生成胰岛素，控制孩子对碳水化合物的渴求。

4 让孩子多吃热量少、体积大的食物，如芹菜、韭菜、萝卜、笋等，增加饱腹感，防止能量摄入过多。

5 食物选择上，尽量以粗粮、杂粮为主食，以鱼、瘦肉为蛋白质的食物来源。

6 鼓励孩子按时进餐。

张大夫悄悄话

预防肥胖要点

平时孩子说吃饱了之后，不要勉强让孩子吃完盘子里剩下的食物。让孩子养成科学的饮食习惯，告诉孩子不要过快进食，实行定点定时进餐，减少零食。鼓励孩子多参加运动，告诉孩子不要进食后就睡觉，不要在看电视时进餐，进食后要适当活动。

多采取蒸、煮或凉拌的方式烹调食物

父母给肥胖孩子做饭的时候，尽量采取蒸、煮或凉拌的方式烹调，应减少容易消化吸收的碳水化合物的摄入，不吃糖果、甜糕点、饼干等甜食，尽量少吃淀粉含量高的食物，如面包和土豆等。少吃脂肪性食物，如肥肉；可适量增加蛋白质含量较高的饮食，如豆制品、瘦肉等。

按揉足三里改善肥胖

精准定位：外膝眼下3寸，胫骨旁1寸。

推拿方法：用拇指指端按揉孩子足三里穴30~50次，两侧可以同时进行。

取穴原理：按揉足三里可健脾和胃、调中理气，调理孩子因营养过剩造成的肥胖。

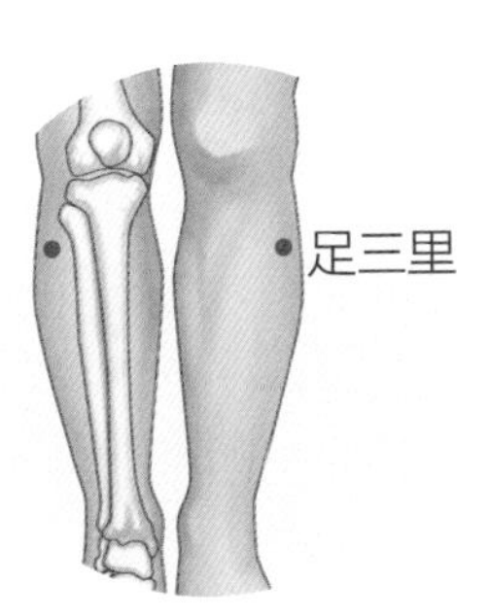

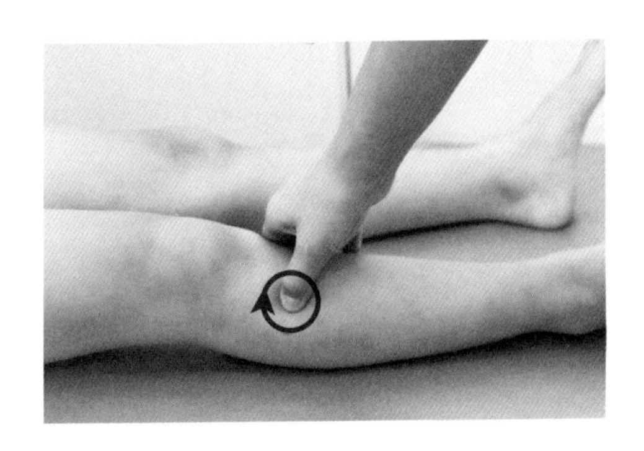

蒜蓉空心菜套餐

蒜蓉空心菜

耳丝莴笋

苹果燕麦糊

花卷

空心菜所含的烟酸、维生素 C 等具有降脂减肥的功效。莴笋的脂肪含量很低，碳水化合物含量较少。苹果燕麦糊富含纤维、饱腹感很强。

头天准备

清洗食材，沥水后放入冰箱保鲜

蒸花卷，做法参考 30 页“葱香花卷”

早上时间安排

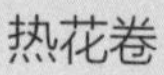

处理食材

耳丝莴笋

蒜蓉空心菜

苹果燕麦糊

蒜蓉空心菜

烹调时间
5 分钟

材料

空心菜 1 小把，辣椒 4 个。

调料

植物油、蒜、盐各适量。

做法

1 空心菜折段，洗净，沥水；蒜切片。
2 辣椒放锅里，小火煎出虎皮，加入盐和油，将辣椒剁碎后盛碗里。
3 热锅下油，倒入蒜片爆香，倒入空心菜，大火翻炒，稍微断生后，倒入辣椒、盐，快速炒匀，装盘即可。

耳丝莴笋

材料

莴笋 400 克，水发黑木耳 100 克。

调料

植物油、盐、葱、姜、花椒、蒜各适量。

做法

1 黑木耳洗净，沥水切丝；莴笋去皮洗净切丝；葱姜洗净，葱切丝，姜和蒜切片。
2 热锅放油，加入花椒，爆香后捞出；放入葱姜，爆香后捞出；放入莴笋丝、盐、木耳丝，翻炒至将熟时放入蒜片，翻炒均匀即可。

推荐套餐 2
小米红枣窝头
海苔花生米
番薯粥

推荐套餐 3
炝辣味竹笋
玉米绿豆糊
碗扣蛋饺
苹果

推荐套餐 4
清炒苦瓜
蛤蜊蒸蛋
山楂粥
素包子

苹果燕麦糊
花卷
耳丝莴笋
蒜蓉空心菜

扬州炒饭套餐

扬州炒饭

凉拌莴笋丝

黄瓜豆浆

橘子

莴笋含有大量的膳食纤维，能促进肠壁蠕动，通利消化道，帮助大便排泄，有助于孩子瘦身排毒。黄瓜中所含的丙醇二酸，可抑制糖类物质转变为脂肪。此外，黄瓜中的膳食纤维对促进人体肠道内腐败物质的排出和降低胆固醇有一定作用。

头天准备

将米饭蒸好后放进冰箱中

将黄豆处理干净，放进豆浆机中

买回来的虾仁处理干净，放进冰箱中

早上时间安排

清洗黄瓜，切丁，放入豆浆机中，加水至上下水位线之间，做黄瓜豆浆

同时

处理虾仁、青豆、鸡蛋、火腿

做扬州炒饭

莴笋去叶削皮，切丝

凉拌莴笋丝

扬州炒饭

材料

米饭 80 克，虾仁 20 克，火腿丁 15 克，熟青豆 8 克，鸡蛋 1 个。

调料

葱花 5 克，盐、淀粉各 2 克。

烹调时间
5 分钟

做法

1. 鸡蛋分开蛋清和蛋黄，将蛋黄打散。
2. 虾仁加鸡蛋清、盐、淀粉拌匀，放油锅中滑熟，盛出，控油。
3. 净锅倒油烧热，倒鸡蛋黄液拌炒，加葱花炒香。
4. 放米饭、火腿丁、虾仁、熟青豆翻炒，加盐翻炒均匀即可。

凉拌莴笋丝

材料

莴笋 400 克。

准备时间
3 分钟

调料

醋 10 毫升，盐、白糖、鸡精、香油各 3 克。

烹调时间
2 分钟

做法

1 莴笋去叶，削皮，切成细丝。

2 将莴笋丝放入容器，放入盐、白糖、醋、鸡精、香油拌匀即可。

推荐套餐 2
手撕饼
西芹百合
鲫鱼豆腐汤
香蕉

推荐套餐 3
红枣绿豆大米粥
馒头
虾仁炒冬瓜
苹果

推荐套餐 4
阳春面
番茄炒蛋
菠萝多纤果汁
橘子

橘子
黄瓜豆浆
凉拌莴笋丝
扬州炒饭

6 种常见体质孩子的营养法则

气虚体质

孩子特点

说话声音或哭声低微，活动后容易出现呼吸急促、出汗、尿床。孩子容易感冒、流鼻涕。

相宜食物

孩子气虚，应多吃一些健脾益气的食物，如小米、粳米、糯米、菜花、胡萝卜、香菇、豆腐、土豆、红薯、牛肉、兔肉、鸡肉、鸡蛋、鲢鱼、黄鱼等。

禁忌食物

气虚体质的孩子不适合吃寒凉性的食物，如西瓜、香瓜、梨、柚子、葡萄柚、椰子、柿子、香蕉、黄瓜、苦瓜、空心菜、芦笋、豆芽、紫菜、海带、荸荠等。

阴虚体质

孩子特点

经常容易口渴，口干咽痛，喜欢喝冷饮。手心、脚心温热，面颊潮红，大便干燥，睡觉经常出汗。体形消瘦，容易发怒，发育迟缓。

相宜食物

阴虚的孩子应该多吃一些滋阴润燥的食物和富含蛋白质的食物，起到滋补温和的作用，如糯米、绿豆、藕、大白菜、木耳、银耳、豆腐、甘蔗、西瓜、黄瓜、百合、鸡蛋、牛奶、梨、枸杞子等。

禁忌食物

忌吃煎炸烤的食物，忌吃温热干燥、性热上火的食物，如胡椒、肉桂、羊肉、锅巴、炒花生、瓜子、爆米花、荔枝、桂圆、杨梅、大蒜、韭菜、生姜、红糖、茴香、人参等。

阳虚体质

孩子特点

手脚冰凉，怕冷喜暖，面色苍白，小便多而清长，大便稀薄或色绿，舌苔淡薄，缺乏活力。

相宜食物

阳虚的孩子适宜吃性属温热的食物，以补益肾阳、温暖脾阳，如籼米、羊肉、鸡肉、猪肚、韭菜、刀豆等。

禁忌食物

出现阳虚症状的孩子多和先天遗传有关。孩子要少吃一些易伤阳气的食物，如芹菜、丝瓜、苦瓜、冬瓜、茄子、菠菜、柚子、西瓜、香蕉、冷饮等。

湿热体质

孩子特点

面色发黄，进食不佳，大便黏、不易排，舌苔厚腻。

相宜食物

湿热的孩子应多吃一些清热利湿、健脾的食物，如薏米、红豆、百合、莲子、红枣、无花果、佛手瓜、冬瓜、瘦肉等。

禁忌食物

孩子要少吃不利于消化的食物，如冷饮、油炸食品、糯米、土豆、红薯等。

痰湿体质

孩子特点

体形肥胖，动作迟缓，容易疲倦，性格较安静，不喜欢活动，大便较稀，舌苔腻。

相宜食物

痰湿的孩子应该多吃有利水燥湿作用的食物，如新鲜蔬菜、水果等。

禁忌食物

忌吃油腻、味重的食物，如肥肉、炸鸡翅、咸菜等。忌吃生冷饮品，如雪糕、冰镇可乐等。

特禀体质

孩子特点

容易喷嚏不止，大量流清涕，皮肤起疹子，不明原因的皮肤瘙痒，一抓就红。

相宜食物

特禀体质中以过敏体质居多，应通过饮食调理来减少过敏的发生。饮食要注意营养平衡，适当增加新鲜蔬菜、水果的摄入。

禁忌食物

忌吃腥膻发物及含致敏物质的食物，如海鱼、虾、蟹、牛肉、羊肉、鹅肉、鸡蛋、花生、麦类、果仁、贝壳等。忌吃辛辣及刺激性食物、油炸食品、肥肉、生冷食品等。